微生物分子生态学原理及技术

温洪宇　王秀颖　徐　瑕　主编

中国矿业大学出版社
·徐州·

内容简介

本书共分五章，内容包括传统分子生态学技术、现代测序技术、宏基因组学技术、宏转录组学技术、蛋白质组与代谢组学技术。

本书结合生物科学、生物技术、微生物学、环境科学、环境工程等专业的特点，从学生的角度出发，力图帮助学生理解微生物分子生态学最新的研究技术以及相关理论知识，熟悉微生物分子生态学的实验设计和研究思路。此外，书中对相关实验技术原理进行了介绍，使实验操作更直观、简洁，方便读者理解和掌握。

本书可作为高等院校生物科学、生物技术、环境科学、环境工程以及相关专业的教材，也可作为微生物生态学、环境微生物学等相关研究领域的研究人员和技术人员的参考资料。

图书在版编目(CIP)数据

微生物分子生态学原理及技术/温洪宇，王秀颖，徐瑕主编. —徐州：中国矿业大学出版社，2019.4

ISBN 978-7-5646-4426-0

Ⅰ. ①微… Ⅱ. ①温… ②王… ③徐… Ⅲ. ①微生物生态学—分子生物学—研究 Ⅳ. ①Q938.1

中国版本图书馆 CIP 数据核字(2019)第 083048 号

书　　名　微生物分子生态学原理及技术
主　　编　温洪宇　王秀颖　徐　瑕
责任编辑　周　红
出版发行　中国矿业大学出版社有限责任公司
（江苏省徐州市解放南路　邮编 221008）
营销热线　(0516)83884103　83885105
出版服务　(0516)83995789　83884920
网　　址　http://www.cumtp.com　**E-mail**：cumtpvip@cumtp.com
印　　刷　江苏凤凰数码印务有限公司
开　　本　787 mm×960 mm　1/16　**印张** 10　**字数** 179 千字
版次印次　2019 年 4 月第 1 版　2019 年 4 月第 1 次印刷
定　　价　28.00 元

前　言

生态学是一门研究生物系统与环境之间相互作用的科学。微生物生态学是微生物学的分支，同时也是生态学的重要组成部分，是研究和揭示微生物系统与周围生物，微生物系统与周围环境相互作用的科学。

本书按照微生物学实验之间的逻辑关系，以及微生物生态学研究的实验原理，基于纯培养的传统微生物分子生态学研究方法和高通量测序的现代微生物分子生态学研究方法两条主线编写。全书共分五章，内容主要包括传统分子生态学技术、现代测序技术、宏基因组学技术、宏转录组学技术、蛋白质组与代谢组学技术。

本书结合微生物学专业特点，具有专业性强、针对性强和实用性强的特点，有利于学生更好地理解微生物生态学理论知识，从而培养学生对科学研究的兴趣和创新思维，提升学生的专业能力和实践能力。

由于编者理论和实践水平有限，本书难免存在不妥之处，希望广大师生给予指正，以便再版时修正。

编　者

2019 年 1 月

目 录

第一章　传统分子生态学技术

第一节　群落水平生理学指纹方法

如果某一微生物群落中含有特定的酶可催化利用的底物，则这种酶底物可作为此群落的生物标记分子之一。由 Garland 和 Mills 于 1991 年提出的群落水平生理学指纹方法(CLPP)，是一种通过检测微生物样品对底物的利用模式来反映种群组成酶活性的分析方法。

基于底物利用率测定群落水平生理特征谱图主要依据微生物利用底物不同的特性来表征微生物群落代谢功能的多样性，测定的主要方法有底物诱导呼吸法(substrate-induced respiration，SIR)和 Biolog 微孔板法。

一、底物诱导呼吸法

底物诱导呼吸法是基于微生物在纯培养时利用底物(如葡萄糖)供应在呼吸作用上有直接响应的原理，向土壤中加入足够的葡萄糖，使微生物生物量酶系统达到饱和，这时 CO_2 的释放速率与微生物生物量的大小呈线性相关。因此，该方法可以快速测定环境中微生物生物量，尤其适用于土壤环境。虽然其适用的范围比较广，但其的测定受样品 pH 值和含水量的影响。另外，底物诱导呼吸法的校正系数的不确定性也使该方法受到争议。

二、Biolog 微孔板法

由 BIOLOG 公司开发的 Biolog 氧化还原技术，使得 CLPP 方法测定快速方便。本书将重点介绍该方法。

1. Biolog 方法的测定原理及特点

微生物在利用碳源过程中产生的自由电子，与四唑盐染料发生还原显色反应，颜色的深浅可以反映微生物对碳源的利用程度。由于微生物对不同碳源的利用能力很大程度上取决于微生物的种类和固有性质，因此在一块微平板上同时测定微生物对不同单一碳源的利用能力(sole carbon source utilization, SCSU)，就可以鉴定纯种微生物或比较分析不同的微生物群落。

该方法由美国的BIOLOG公司于1989年开发成功，最初应用于纯种微生物鉴定，目前已经能够鉴定包括细菌、酵母菌和霉菌在内的2 000多种病原微生物和环境微生物。1991年，Garland和Mills开始将这种方法应用于土壤微生物群落的研究。Biolog方法用于微生物群落研究具有以下特点：① 灵敏度高，分辨力强。对多种SCSU的测定可以得到被测微生物群落的代谢特征指纹(metabolic fingerprint)，分辨微生物群落的微小变化。② 无须分离培养纯种微生物，可最大限度地保留微生物群落原有的代谢特征。③ 测定简便，数据的读取与记录可以由计算机辅助完成。微生物对不同碳源代谢能力的测定在一块微平板上一次完成，效率大大提高。

2. Biolog系统的组成与操作方法

Biolog系统主要包括Biolog微平板、微平板读数器和一套微机系统。具体说明如表1-1所示。Biolog方法操作的主要流程如表1-2所示。

表1-1　Biolog系统组成与说明

系统组成	说　明
Biolog微平板	共96孔，孔中含有营养盐和四唑盐染料TTC；其中1孔不含碳源为对照孔，其他95孔含有不同单一碳源
读数器	测定一定波长下每个小孔内的吸光度及变化
微机系统	与读数器相连，自动完成数据采集、传输、存储与分析

表1-2　Biolog方法操作的主要流程

序号	步　骤	说　明
1	平板选择	针对G^+和G^-细菌选择不同平板(Biolog GP,GN)，各孔内碳源也可调控
2	样品制备	将微生物从环境介质中提取出来，控制到适宜浓度(以浊度表示)
3	加样	取一定体积菌液(一般150 μL/孔)，平行加入各孔
4	培育与读数	恒温培育，用微平板读数器记录各孔吸光度值变化

3. Biolog 测试数据分析

对于纯菌株鉴定，将 95 种基质的测定结果与菌种库中的数据进行对比可判断菌种的归属。

对于微生物群落分析，一般要记录每孔的吸光度值。95 个孔吸光度的平均值(average well color development，AWCD)的计算公式为：

$$\mathrm{AWCD} = [\sum (C_i - R)]/95$$

式中，C_i 是除对照孔外各孔吸光度值；R 是对照孔吸光度值。

AWCD 及其随时间变化的值可以用来表示微生物的平均活性，如图 1-1 所示。

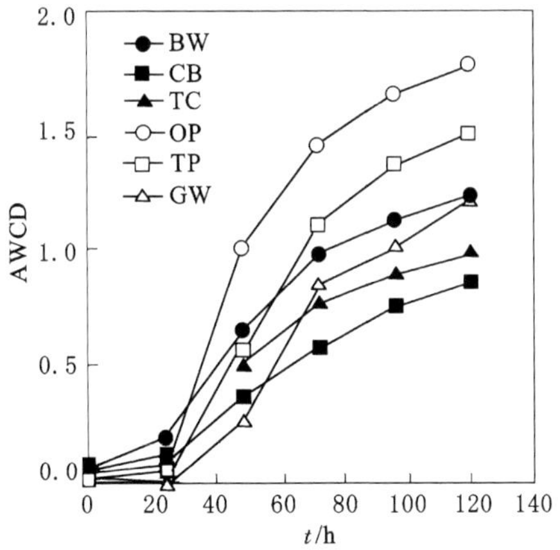

图 1-1　六种水体微生物群落 AWCD 值随时间的变化

注：波长 590 nm，BW、CB、TC 为三种不同海水样；OP、TP、GW 为三种不同淡水样

95 种基质的测定结果形成了描述微生物群落代谢特征的多元向量，不易直观比较。通过主成分分析(principal component analysis，PCA)可以将不同样本的多元向量变换为互不相关的主元向量(PC1 和 PC2 是主元向量的分量)，在降维后的主元向量空间中可以用点的位置直观地反映出不同微生物群落的代谢特征，如图 1-2 所示。另外，各种多样性指数还可以反映微生物群落代谢功能的多样性。

4. Biolog 方法在环境微生物群落研究中的应用

(1) 土壤微生物群落

西弗吉尼亚大学的 De Fede 等，用 Biolog 方法对农田与森林中的土壤

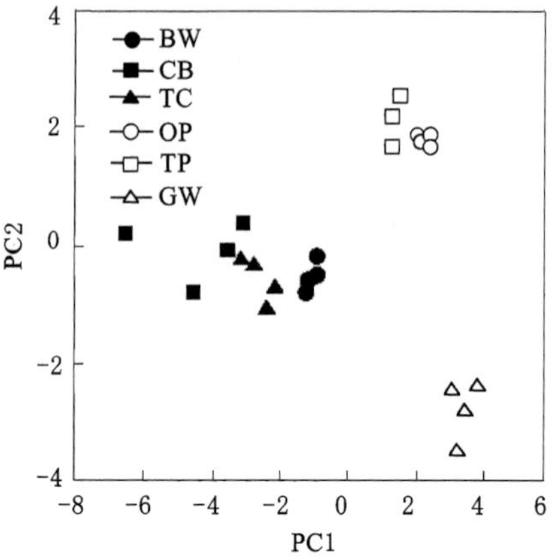

图 1-2 六种水体微生物群落 PCA 分析结果

微生物群落进行了测定。研究结果表明，对微生物提取液进行稀释会使优势种群富集，劣势种群缺失。研究中还发现不同深度农田土壤中的微生物群落的代谢特征非常接近，这可能是农田土壤经常翻耕的结果。

(2) 水体微生物群落

美国的 Choi 等利用 Biolog GN 和 Biolog ECO 平板对 6 种不同水样(3 种淡水水样，3 种海水水样)中的微生物群落进行了比较。结果表明，来自不同水体中的好氧异养微生物群落的代谢特征具有明显差别。研究中还发现，微量营养元素不同会引起微生物对同种碳源的代谢差异。

(3) 活性污泥中的微生物群落

美国的 Kaiser 等用 Biolog 方法对实验装置中的活性污泥与污水厂的活性污泥进行了测定。实验装置包括连续运行的 CAS 系统和半连续运行的 SCAS 系统。Biolog 测定结果表明，进水使用生活污水原水时，CAS 系统与 SCAS 系统中活性污泥的代谢特征均和污水厂污泥的非常相似，并且 CAS 系统中微生物群落的代谢特征非常稳定，在 16 个月的实验周期内没有发生明显变化。进水使用葡萄糖蛋白胨废水时，SCAS 系统中的污泥代谢特征则发生了明显变化。

5. Biolog 方法的缺点和改进措施

(1) 微平板具有选择性

Biolog 方法中所使用的微平板的适用范围具有一定的选择性，比如 Biolog GN 微平板适用于革兰氏阴性菌，而 Biolog GP 微平板适用于革兰氏阳性菌。今后可以通过增加新碳源或改变碳源的数量与组合，开发出适用性更广或针对性更强的产品。

（2）影响显色的因素较多

影响平板微孔显色的因素较多。除了培养液中微生物的种群组成、数量与活性外，样品的预处理，培养时间和温度，培养液含有的干扰物质等因素都会影响显色结果。因此，操作过程中的条件控制非常重要，针对不同的测定要求应该确定相应的测定方法。

（3）获取微生物群落结构信息较难

虽然由 Biolog 实验得到的数据量很大，但从微生物代谢功能信息中得到的群落结构信息还是很有限。使用 Biolog 方法更多的是对环境微生物群落进行比较和识别，以及进行群落活性与功能的分析。目前还不能直接通过 Biolog 代谢特征指纹分析微生物群落结构信息。今后应该结合其他群落结构分析方法，通过对代谢特征指纹的解析研究组成环境微生物群落的功能类群，通过不同类型微生物的代谢特征指纹分析它们在群落中的组成及动态变化，更深入地研究环境微生物群落结构与功能及其相互关系。

第二节　生物标记物法

生物标记物通常是微生物细胞的生化组成成分，其总量通常与相应生物量呈正相关。特定的生物标记物(biomarkers)标志着特定的微生物，一些生物标记物的组成模式（种类、数量和相对比例）可作为指纹估价微生物群落结构。生物标记物法包括：醌指纹法（quinones profiling）；磷脂脂肪酸(phospholipid fatty acid，PLFA)、脂肪酸甲基酯（fatty acid methyl ester，FAME)谱图分析法。目前应用最广的是 PLFA 和 FAME 两种。下面将逐一介绍。

一、醌指纹法

每一种微生物都含有一种占优势的醌，而且不同的微生物含有不同种类和分子结构的醌。因此，醌的多样性可定量表征微生物的多样性，醌谱图（即醌指纹）的变化可表征群落结构的变化。醌指纹法具有简单快速的特点。

1. 微生物醌的种类

根据在能量代谢过程中的作用不同，微生物醌可分为呼吸型鲲和光合型醌两大类。呼吸型醌是呼吸链中的电子传递体，主要有泛醌（ubiquinone，UQ）即辅酶Q和甲基萘醌（menaquinone，MK）等。泛醌广泛存在于真核微生物线粒体内膜和革兰氏阴性细菌的细胞膜上，一般用于微生物的好氧呼吸；而甲基萘醌存在于革兰氏阳性细菌和个别革兰氏阴性细菌的细胞膜上，一般用于微生物的厌氧呼吸或好氧呼吸。

光合型醌主要有质体醌（plastoquinone，PQ）和维生素K1（vitamin K1，VK1），它们是光反应电子传递链即光合链的电子传递体，主要存在于能进行光合作用的藻类和植物中。

虽然泛醌、甲基萘醌、质体醌、维生素K1分子骨架不同，但它们都有一个聚异戊二烯侧链。根据异戊二烯侧链的长度，即异戊二烯的单位数（n）和侧链中的使双键饱和的氢原子的个数（x），泛醌和甲基萘醌分别被命名为UQ-n(Hx)和MK-n(Hx)。例如UQ-9就表示含有9个异戊二烯单位侧链的泛醌，MK-8表示含有8个异戊二烯单位侧链的甲基萘醌，其侧链中的2个双键被4个氢所饱和。最常见的质体醌为含有9个异戊二烯单位侧链的质体醌，即PQ-9。

光合细菌中醌的主要类型为泛醌，以UQ-10最为常见，也有些含有UQ-8、UQ-9和UQ-7。

不同微生物所含醌的种类和分子结构不同，表1-3是部分微生物所含主要醌的种类。环境中微生物醌的组成（一般以醌的物质的量比来表示），即醌指纹可以反映微生物群体组成，因此混合培养的微生物群体组成的变化可以利用醌指纹法来解析。该方法已经成为分析微生物群落的简单有效的方法，并成功地应用于生活污水和工业废水生物处理过程中微生物群体组成的确定。泛醌与甲基萘醌的物质的量比反映革兰氏阴性菌与革兰氏阳性菌之比，呼吸型醌与光合型醌的物质的量比则可以在一定程度上反映细菌与藻类的比例。另外，由于在一定条件下微生物醌的含量变化不大，利用微生物醌也可以测定环境中活性微生物的浓度。

表1-3 部分微生物中所含主要醌的种类

微生物名称	醌种类
Achromobacter, *Corynebacterium* *	UQ-8
Pseudomonas aeruginosa *	UQ-9
Ancylobacter, *Methylobacterium* * *	UQ-10

表 1-3(续)

微生物名称	醌种类
Bacillus pumilus *，*Sporolactobacillus*	MK-7
Brevibacterium *	MK-8(H2)
Mycobacterium **	MK-9(H2)

注：*腈降解菌；**二甲基甲酰胺降解菌。

2. 微生物醌的分析

根据微生物醌的摩尔组成可以计算出微生物的多样性(DQ)和微生物种的分布均匀性(EQ)(参见公式 1-1 和 1-2)。DQ 的数值越大表明微生物的多样性越大。EQ 的最大值为 1，EQ=1 表示所有微生物的比例相同，EQ 的数值越小表明微生物种的分布越不均衡。另外，利用非相似性指数(D)[参见公式(1-3)]可以定量比较两个环境样品中的微生物群体组成差异的大小。D 的数值越大表明两者之间的差别越大，$D=0$ 表示两者完全相同。

$$DQ = [\mathrm{sum}\ (f_k)^{1/2}]^2 \tag{1-1}$$

$$EQ = DQ/n \tag{1-2}$$

$$D(i,j) = (\mathrm{sum}|f_{ki} - f_{kj}|)/2 \tag{1-3}$$

式中　f_k——醌 k 的物质的量比；

n——样品中醌的种类数；

i,j——样品 i 和 j。

微生物醌的分析为 3 个步骤，即醌萃取、提纯分离、定性与定量分析，如图 1-3 所示。

3. 醌指纹法的优缺点

通过分析微生物醌的组成，可以定量评价环境中的微生物群体组成和微生物多样性。醌指纹法简单方便、灵敏度高、数据的可靠性高，为微生物生态以及环境微生物研究提供了一个新的简便可靠的研究手段。但醌指纹法也存在一定的局限性。它不能反映具体哪个属或哪个种的变化，因此，如需对环境样品中的微生物生态系统进行更详细的分析还应结合其他方法进行深入研究。

二、磷脂脂肪酸、脂肪酸甲基酯谱图分析

磷脂脂肪酸是构成生物细胞膜的主要成分，约占细胞干重的 5%。在细胞死亡时，细胞膜很快被降解，磷脂脂肪酸被迅速地代谢掉，因此它只在活

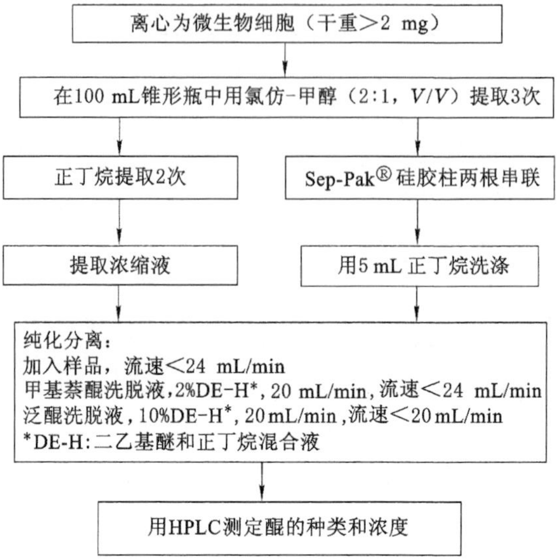

图 1-3 微生物细胞中醌的分析步骤

细胞中存在，十分适合于微生物群落的动态监测。脂肪酸具有属的特异性，特殊的甲基脂肪酸已经被作为微生物分类的依据。磷脂脂肪酸谱图分析法首先将磷脂脂肪酸部分提取出来，然后用气相色谱分析，得出 PLFA 谱图。脂肪酸甲基酯是细胞膜磷脂水解产物，气相色谱分析系统可分析出全细胞的 FAME 谱图。

脂肪酸谱图法分类水平较低，不能鉴定到种。另外，不同微生物种属之间脂肪酸组成有重叠，外来生物污染也会影响脂肪酸谱图法对种群结构解析的可靠性。

（一）磷脂脂肪酸分析法

1. PLFA 方法

PLFA 是构成活体细胞膜的重要组分，不同类群的微生物能通过不同生化途径形成不同的 PLFA，部分 PLFA 总是出现在同一类群的微生物中，而在其他类群的微生物中很少出现，细胞死亡后数分钟到数小时内细胞酶水解和释放磷脂，PLFA 被降解，这是 PLFA 作为区分活体微生物群落标记的基础。

PLFA 的命名一般采用以下原则：以总碳数：双键数和双键距离分子末端位置命名，c 表示顺式，t 表示反式，a 和 i 分别表示支链的反异构和异构，

br 表示不知道甲基的位置，10Me 表示一个甲基团在距分子末端第 10 个碳原子上，环丙烷脂肪酸用 cy 表示。从已有的研究结果可以发现，作为革兰氏阳性细菌的标记 PLFA 主要有 i14、a15、i15、18ω9，作为革兰氏阴性细菌的标记 PLFA 主要有 cy17、cy19、16ω5、18ω7、18ω9、18ω6、18ω6，9 是标记真菌的 PLFA。用作放线菌的标记 PLFA 主要是 10Me18。当然，对这些 PLFA 来源的划分并不是绝对的，而是根据它们在同类群微生物中出现的概率和专一性及稳定性的一个相对划分，旨在通过它们反映土壤微生物的变化。不可否认的是，有的 PLFA 可能同时来自不止一种微生物，如 10Me18 就可能同时来自放线菌和细菌。

2. PLFA 方法的测定及影响因素

PLFA 测定的简要过程为：取一定量的鲜土样，用氯仿、甲醇和柠檬酸缓冲液的混合液（1∶2∶0.8，$V/V/V$）振荡提取，取氯仿相，吹干，氯仿溶解后过硅胶柱（100～200 网目），以甲醇洗提，吹干洗提液，用甲醇甲苯溶液（1∶1，V/V）溶解后甲酯化，最后通过 GC-MS 进行磷脂脂肪酸甲酯的测定和鉴定，或通过查找 MIDI 库完成。

在土壤微生物分析过程中，还存在一些影响 PLFA 方法准确性的因素，概括起来有以下几个：① 温度波动；② 饥饿；③ 标记性 PLFA 的非专一性。在实际土壤微生物分析中，土壤有机质含量、植物的 PLFA 等也可能对该方法产生一定的影响，但做处理对照实验可解决部分问题。另外，PLFA 方法不能用来分析生态系统中单个菌株或种水平上的微生物。

3. PLFA 方法在土壤微生物群落结构和生物多样性分析中应用

在对微生物的研究中，有时会出现总生物量没发生变化时，微生物群落结构是否发生变化的疑问，而传统分析方法很难证实或观察到这种变化，但 PLFA 方法能用于这种情况下微生物群落结构的检测，是一种较好的评价广谱群落差异的分析方法。Schmidt 等采用 PLFA 方法研究土壤施用真菌和细菌杀菌剂对土壤微生物的影响，发现两种杀菌剂没有明显影响真菌/细菌微生物量比，但真菌杀菌剂对微生物群落结构影响很大。Kelly 等用 PLFA 方法发现 Zn 污染土壤中指示菌根真菌和放线菌的 PLFA 相对含量下降，微生物群落结构发生了变化。Lei 等用 PLFA 方法检测堆肥过程中接种微生物和调节 pH 值对微生物群落结构的影响，发现在出现温度高峰前接种微生物对堆肥微生物群落结构没什么影响，但过程温度和起始 pH 值调节影响显著。Yao 等通过 PLFA 方法分析红壤地区微生物群落结构的变化后认为，土地使用历史、植被覆盖类型和作物栽培方式对微生物群落结构有明显影响。Marin 等用 PLFA 方法观察瑞士汝拉(Swiss Jura)山区草原有机质循环对生物多样性的影响，认为微生物功能多样性与观察到的结构多样性是相对应的，丰富的 PLFA 显示了生化功能的多样性和微生物种类的多样性。

（二）脂肪酸甲基酯分析法

脂肪酸甲基酯分析法基于磷脂脂肪酸是生物细胞膜的重要成分，而不同微生物的细胞膜所含有的磷脂脂肪酸组成和含量各不同，其组成和含量具有种属特异性，可以代表某一种类微生物的存在，因而可以将其作为一种生物标记物用于微生物种类的检测。磷脂脂肪酸构成的变化能够说明环境样品中微生物群落结构的变化，进而可以对微生物群落进行识别和定量描述。

生物体内细胞中磷脂脂肪酸的含量通常可认为是相对显著恒定的，样品中微生物的组成和数量的变化是引起 FAME 谱图发生变化的主要原因。另外，磷脂脂肪酸不是细胞内的储存物质，细胞死亡后，其中的磷脂化合物会马上消失，因此 FAME 分析法检测到的都是活的微生物群体。FAME 分析法首先利用有机溶剂将样品中的磷脂脂肪酸提取出来，然后进行分离纯化、标记，再通过气相色谱等仪器分析，得到样品的磷脂脂肪酸组成图谱，进而得到不同脂肪酸的含量和种类，最后根据谱图中脂肪酸甲基酯的多样性，利用相关的数据库和相关的计算机分析软件，便可鉴定出样品中微生物的种类或微生物群落结构组成。

FAME 分析法在土壤微生物多样性研究中的一般步骤：① 采集样品；② 脂肪酸提取；③ 脂肪酸纯化；④ 脂肪酸甲基化；⑤ 气相色谱分析；⑥ FAME图谱分析。

第三节 ERIC-PCR 指纹图谱技术

肠杆菌基因间重复共有序列(enterobacterial repetitive intergenic consensus, ERIC)是主要存在于肠道细菌中的一类基因间重复序列，长度为 127 bp，该序列在肠道细菌染色体上的分布和拷贝数有种间的特异性。根据 ERIC 序列建立的 ERIC-PCR(ERIC-聚合酶链式反应)实际上是一种半随机性质的 PCR，是在随机引物 PCR(RAPD)的基础上发展起来的对细菌 DNA 进行指纹图谱分析的一种方法。其广泛应用于细菌分型、流行病学调查和分子微生态学研究。

一、ERIC-PCR 概述

根据 ERIC 序列中部区域高度保守的、长度为 44 bp 的核心序列，Versalovic 等设计了一组反向引物（ERICR-5′-ATGTAAGCTCCTGGGGATTCAC-3′、ERIC-5′-AAGTAAGTGAC-TGGGGTGAGCG-3′），并建立起了 ERIC-PCR 扩增的技术，以用于扩增细菌染色体上两个相邻 ERIC 序列间的 DNA 片段。然而，该技术实际上不是一种专门扩增细菌 ERIC 序列的技术，Gillings 和 Holley 发现 ERIC-PCR 还可以从植物、脊椎动物、无脊椎动物、真菌和噬菌体等生物的基因组 DNA 中扩增出稳定的、多态性丰富的图谱，这些生物的基因组中是没有典型的 ERIC 重复序列的。并且提高退火温度接近 ERIC 引物的 T_m 值（约 68 ℃）时，只有 E. *coli* JM101 能产生指纹图谱。因此，Gillings 认为 ERIC-PCR 实质上是一种随机扩增 PCR。后来，徐迎春等在分析大肠埃希菌 MG1655 菌株 ERIC-PCR 图谱主带序列组成后发现：如果细菌基因组中含有 ERIC 序列，那么 ERIC-PCR 的扩增产物通常一端含有 ERIC 序列，而另一端则是随机匹配；如果细菌基因组中不存在 ERIC 序列，ERIC-PCR 就成为一种较特殊的随机扩增，因其引物较长（22 bp 寡聚核苷酸片段），退火温度较高（大于 52 ℃），可产生具有较高可重复性和一定特异性的指纹图谱。因此，认为 ERIC-PCR 是一种半随机性质的 PCR。

二、ERIC-PCR 的原理及特点

1999 年，Franklin 等和 Wikstrom 等分别报道了将短引物的 RAPD 技术应用到研究复杂的自然界微生物群落结构的动态检测上。但此技术存在很多问题，如引物太短，退火温度过低，不易获得稳定的图谱，重复性不理想，缺乏标准化。Di Giovanni 等用 ERIC-PCR 分析 6 种纯菌组成的混合菌的组成，获得了高重复性的指纹图谱，比常规 RAPD-PCR 更能反映菌群的组成特征。Gillings 等研究指出，ERIC-PCR 与 RAPD-PCR 相比更稳定，重复性更好，具备 RAPD-PCR 不要求模板序列已知而直接进行扩增的优点，又由于其引物序列较长（一对 22 个碱基的引物），PCR 反应退火温度较高（RAPD-PCR 一般为 40 ℃左右，而 ERIC-PCR 为 52 ℃左右），所以能得到图谱稳定、重复性高，并能产生多种独特的扩增产物（50～3 000 bp），可根据扩增产物的电泳条带来区分细菌的株（型）。

ERIC-PCR 是一种长引物随机 PCR 技术，其图谱稳定、重复性高，对底

物的序列差异敏感性高,产生的图谱多态性丰富。其基本流程如下:

ERIC-PCR 引物 20 pmol/μL

E1:5′-ATgTAAgCTCCTggggATTCAC-3′

E2:5′-AAgTAAgTgACTggggTgAgCg-3′

ERIC-PCR 程序

95 ℃,7 min

94 ℃,1 min(变性)
52 ℃,1 min(退火)
68 ℃,8 min(延伸)
} 30 cycles

65 ℃,16 min

结果如图 1-4 所示。

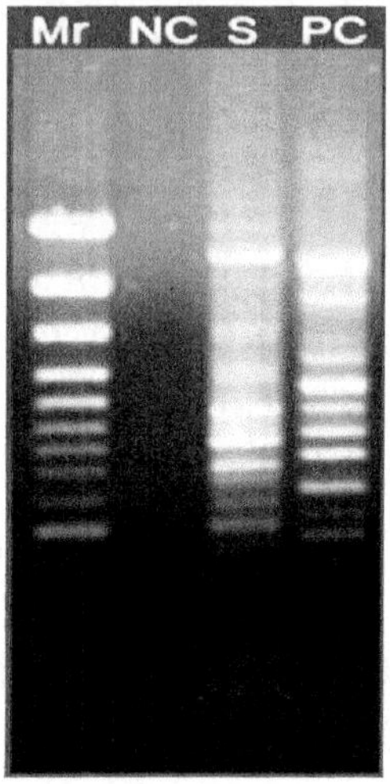

图 1-4 ERIC-PCR 结果

在微生物群落中,各细菌数量占 1%~10%时,其特征性 ERIC-PCR 主条带就可以在指纹图中表现出来。ERIC-PCR 指纹图中,每一条带可以是来自若干种不同微生物的基因组 DNA 片段,条带的数目反映微生物类群的多少,条带的亮度反映该类群微生物种群数量的高低。

ERIC 的中心有一段保守性很高的反向重复序列,该序列长约 44 bp。Versalovic 等以 ERIC 的核心序列设计了一对反向引物(ERIC15′-ATGTAAGCTCCTGGGGATTCAC -3′, ERIC25′-AAGTAAGTGACTGGGGTGAGCG-3′),认为 ERIC-PCR 扩增的是两个相邻的 ERIC 保守序列之间的区域,由于不同的细菌基因组上的 ERIC 重复序列的数目和分布不同,从而得到由一系列大小不同片段组成的 DNA 指纹图谱,并将该技术申报专利。此后, ERIC-PCR 技术就被广泛用于细菌分类和菌种鉴别上。

分析不同环境样品中微生物混合 DNA 的 ERIC-PCR 指纹图谱的差异,就可比较不同生态系统微生物群落的差异,或者同一个群落在不同功能状态下的结构变化。

三、ERIC-PCR 技术的应用

ERIC-PCR 用于分子微生物生态学研究中,不仅免除了纯培养的局限,而且分析速度快、提供的信息量大。因而特别适合于对复杂微生物生态系

统的区系结构进行连续动态分析，在环境监测、污染治理以及人和动物肠道菌群生态结构研究等方面具有广泛的应用前景。

四、ERIC-PCR 的优缺点

ERIC-PCR 方法的有效性、简易性、快速性、灵敏性和可重复性使得它在细菌分类、分子微生物生态学研究中有着广阔的应用前景，对发现新的菌株及对已知菌株作进一步的分析有很重要的现实意义，能成为细菌鉴别和细菌分类的分子遗传分析的有力工具。可以试图采用建立 ERIC-PCR 技术对肠道致病菌基因组 DNA 进行扩增，根据各种不同的特异性谱带，构建肠道致病菌的指纹图谱，建立快速肠道致病菌分子检测平台，达到同时对多种肠道致病菌快速检测目的，这在流行性肠道疾病的调查和快速诊断方面将会有很大的用途。

但作为一种方法，其也存在一些局限性，如基于 PCR 反应本身所存在的扩增错误和偏差等，样品的局限性，以及在省去 DNA 提取而直接以细菌细胞为模板的 PCR 反应中，其扩增效率受到细胞生理状况的影响等问题还有待解决。

第四节 以 PCR 为基础的 rRNA 分析方法

rRNA 在细胞中相对稳定，同时含有保守序列及高可变序列，是微生物系统分类的一个重要指标。

一、16S rRNA 基因及其特点

16S rRNA 为原核生物的一种核糖体 RNA。目前，细菌系统分类学研究中最有用和最常用的分子是 rRNA，其种类少，含量大（约占细菌 RNA 总量的 80%），分子大小适中。在漫长的生物进化过程中，其基因序列的变化非常缓慢，与物种的形成速度相适应，而且一般不发生水平转移；可以用来标记生物的进化距离和亲缘关系，具有良好的时钟性质；在结构与功能上具有高度的保守性，素有“细菌化石”之称。

细菌中编码 rRNA 基因按 5′、16S、23S、5S、3′方式排列，由 2 个非编码的间隔区序列（internal transcribed spacers, ITS）分开。5S rRNA、16S rRNA 和 23S rRNA 3 部分组成一个 RNA 操纵子，其作为一个单位转录，再加工成为成熟 rRNA。16S rRNA 是所有原核生物蛋白质合成必需的 1 种

核糖体RNA,其具有以下特点:① 多拷贝。每个细菌含5～10个16S rRNA拷贝,这使得检测敏感性较高。② 多信息。16S rRNA基因内部结构由可变区和保守区组成。保守区为所有细菌所共有,可变区在不同细菌之间存在不同程度的差异,具有属或种的特异性。可变区与保守区交错排列。因此,可根据保守区设计各种细菌的通用引物,也可根据可变区设计特定细菌的特异引物或探针。16S rRNA基因可变区所含信息的种间差异使检测具有特异性。③ 长度适中。16S rRNA编码基因长度约1 500 bp,包含大约50个功能域。

二、16S rRNA 基因序列分析技术的基本原理

16S rRNA基因序列分析技术就是从微生物样本中提取16S rRNA的基因片段,通过克隆、测序或酶切、探针杂交获得16S rRNA基因序列信息,再与16S rRNA数据库中的序列或其他数据进行比较,确定其在进化树中位置,从而鉴定样本中可能存在的微生物种类。

16S rRNA基因序列既能体现不同菌属之间的差异,又能利用PCR技术较容易地得到其序列。通过对其序列的分析及同源性比较,可以计算、了解不同菌属和菌种在遗传进化方面的距离,判定不同菌属、菌种间遗传关系的远近,绘出进化树,从而达到对细菌进行分类的目的。目前,人类许多疾病的致病因子均是通过PCR扩增16S rRNA基因,然后进行序列分析而被发现的。所有种类细菌中至少有1个16S rRNA基因拷贝,而且不受观察者主观意识影响,因此如果不同细菌中有2个16S rRNA基因序列不同即可以认为它们属于不同菌种。可以认定,16S rRNA基因序列分析技术在鉴别异常细菌引起的疾病上具有重要意义。

采用系统发育分析方法,如距离矩阵法(distance matrix method)、聚类分析法(cluster analysis)以及一系列的简约法等,对16S rRNA基因测序结果进行分析,通过计算可知该样本在进化树中的位置。常用的序列比对软件有MicroSeq、PAUP、BLAST和Phylip。值得注意的是,这些软件使用的计算方法不同,因此结果可能有一定的差异。

目前,研究人员可以通过互联网访问GenBank、RDP Release Ⅱ、EMBL、Smart Gene、RIDOM等数据库检索16S rRNA基因序列。

三、16S rRNA 基因序列分析技术在细菌分类鉴定中的应用

与传统的以细菌形态和生理、生化特性为依据的表型特征分类方法相

比，16S rRNA 基因序列测定在分析、鉴定细菌进化过程及亲缘性方面具有突出特点，其最大的优势是检测速度快，这是常规的细菌鉴定和培养方法无法比拟的。另外，一部分用表型方法鉴定有困难的细菌，用 16S rRNA 基因序列分析能进行准确地鉴定。目前，已对 2 000 种（约占真菌、细菌总数的 50％）以上真细菌的 16S rRNA 基因进行了测序，不同菌属的 16S rRNA 基因序列同源性为 70％～ 95％。

1. 鉴别常见病原菌

管宇等应用 16S rRNA 基因测序法，以强、弱毒株分别作阳性对照，对分离鉴定的 2 株禽源多杀性巴氏杆菌进行 16S rRNA 基因测序分析，结果表明，2 株分离株与强、弱毒株对照菌之间的同源性均为 100％，从而完成了分离株的鉴定。吕志堂等和李志岗等分别从海洋环境中直接分离有害病菌的 DNA，以细菌特异的引物扩增 16S rRNA，构建质粒文库，用限制性内切酶消化获得 16S rRNA 基因型，用基因型的种类及频率成功地对细菌进行了鉴定。

2. 鉴别难于区别的细菌

在细菌鉴定中，16S rRNA 基因序列分析技术能够精确到种的水平，可以用来鉴定用其他方法难于区别的细菌。比如，众所周知，草绿色链球菌（*Streptococcus viridaus*）能够导致心内膜炎，但该菌包括了变异链球菌（*Streptococcus mutaus*）、血链球菌（*Streptococcus sanguis*）、唾液链球菌（*Streptococcus salivarius*）、轻型链球菌（*Streptococcus mitis*）和米勒链球菌（*Streptococcus milled*），它们的致病能力差别很大，因此如果能够早期鉴定血液中分离细菌的种类，对临床诊断和预测病情均有重要的作用。然而，这 5 种链球菌通过表型分析难于区分，若采用 16S rRNA 基因序列分析，就能快速地鉴定出标本中的细菌种类。

3. 鉴定分枝杆菌（*Mycobacterium*）

分枝杆菌分为人类病原菌、动物寄生致病菌和腐物寄生菌三大类，其形态、结构类似，种类繁多，区分起来有一定的困难；同时致病分枝杆菌大多生长缓慢、培养时间长，有的甚至不能培养。因此，16S rRNA 基因序列分析技术很快被应用于临床分枝杆菌的鉴定。Hall 等评估了一种基于 16S rRNA 基因序列分析技术鉴定微生物的系统——MicroSEQ500，结果显示，MicroSEQ500 对 59 株分枝杆菌 ATCC（American type culture collection）标准菌株鉴定的符合率达到 98.3％。

4. 鉴定微环境中存在的多种细菌

在实际生活中，很多条件下存在的细菌都由复杂群体组成。医学临床取样标本，比如口腔菌群或者体内插管形成的生物膜上往往有多种细菌混合生长，其中包括一些目前还无法培养的细菌，因此很难全面了解特定环境中细菌的种类和作用。近年来，人们采用不依赖细菌培养的方法，对生长在特定微环境的细菌进行研究，取得了一定突破。Wendemth 等对胆管支架上形成的生物膜进行了研究，首先提取了在胆管支架上形成生物膜所有细菌群落的全部 DNA 和 RNA，利用 16S rRNA 通用引物扩增 16S rRNA 基因序列，再通过单链构象多态性（SSCP）分析获得细菌群落的指纹图谱，对指纹图谱中的主要条带进行测序分析发现，胆管支架上的生物膜主要由 6 种细菌形成，其中包括 2 种新的、无法培养的细菌。这个结果对于研究生物膜的形成以及细菌间的相互作用具有重要意义。另外，Janus 等为了研究 CO_2 含量变化对土壤中微生物群落的影响，利用 16S rRNA 基因序列对土壤细菌群落组成的变化进行分析发现，大气中 CO_2 浓度变化对土壤中的营养和微生物群落均具有重要影响。

第五节 16S rDNA 文库的构建与组成分析技术

本节以 16S rDNA 文库在活性污泥系统微生物组成分析中的应用为例，介绍 16S rDNA 文库的构建与组成分析技术。

一、实验方案

1. 材料与设备

取某污水处理厂活性污泥系统的好氧末端污泥 100 mL 作为污泥样品（根据工艺特点，该池中的微生物群落包括系统的所有微生物种群），样品采集后在无菌条件下提取 DNA。

需用材料与设备如下：DNA 凝胶回收试剂盒、Taq DNA 聚合酶和 dNTP、限制性内切酶 RsaI、MsaI、MspI；MycyclerTMThermal cycler PRC 仪、pH 计、Bio-Rad DOC1000 凝胶成像仪、低温冷冻离心机、琼脂糖凝胶电泳仪。

2. 实验流程

(1) 总 DNA 提取

总 DNA 提取方法参照文献相关方法提取活性污泥微生物基因组 DNA。

(2) DNA 纯化

用 DNA 纯化试剂盒纯化 DNA。

(3) PCR 扩增

以纯化的 DNA 为模板，使用扩增 16S rDNA 基因的通用引物 27F 和 1429R。PCR 反应体系：10×PCR buffer（Mg^{2+} free）5.0 μL，$MgCl_2$（25 mmol/L）3.0 μL，dNTP（5.0 mmol/L）4.0 μL，Taq DNA 聚合酶（5 U/μL）0.4 μL，上游引物（50 μmol/L）2.0 μL，下游引物（50 μmol/L）2.0 μL，cDNA 2.0 μL，加双蒸水（DDW）至 100 μL，分装 2 管。PCR 反应条件为：94 ℃预变性 4 min；94 ℃变性 1 min；50 ℃复性 1.5 min；72 ℃延伸 2 min；30 个循环，最后 72 ℃整体延伸 10 min。

(4) 16S rDNA 克隆、转化和文库的构建

将得到的 PCR 产物用 SanPrep 柱式 DNA 胶回收试剂盒进行纯化后，与 pGEM-T 载体连接，连接产物转入感受态细胞进行转化，采用 Amp-X-galPIPTG 抗性筛选平板选择具有氨苄青霉素抗性的白色转化子构建 16S rDNA 克隆文库。取阳性克隆子的 PCR 产物为模板，使用载体通用引物 T7 和 SP6 做菌落 PCR 进行假阳性的检测，所插入片段大小约为 1 500 bp。

(5) DNA 序列的测定和分析

将测序所得序列与 GenBank 数据库中已知序列进行相似性比较，采用 ClustalX1.8 软件对所得序列进行多序列比对，使用 Mega 4.0 软件中的邻接算法(neighbor-joining method)进行系统发育树分析。

二、构建环境 16S rDNA 文库的方法

1. TA 克隆

TA 克隆载体即 T 载体，是目前克隆 PCR 产物最简便、快捷的方法。随着基因组计划的进行，以及分子生物学技术、基因芯片技术在生命科学研究、生物工程和医学等领域的应用，对 TA 克隆载体的需求量会逐步扩大。TA 克隆方法(original TA cloning kit)即利用 Taq 聚合酶同时具有的末端连接酶的功能，在每条 PCR 扩增产物的 3′端自动添加一个 3′-A 突出端，利用 TaKaRa 的 T 载体，直接高效地连接 PCR 产物(图 1-5)。所以 TA 克隆不需要使用含限制酶序列的引物，不需将 PCR 产物进行优化，不需把 PCR 产物做平端处理，不需在 PCR 扩增产物上加接头，即可直接进行克隆。

2. 克隆文库的筛选原理

一个筛选实验包括数轮识别和复制过程。在每一轮中，特异性结合的克隆被选择和扩增。这些克隆在 3～5 轮之后便可居于多数。每轮的富集系

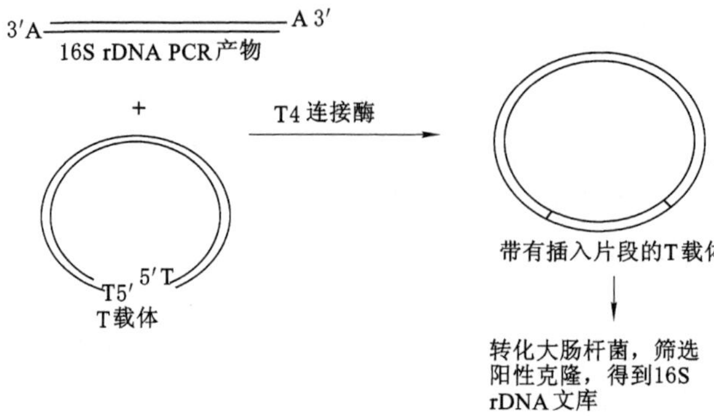

图 1-5　TA 克隆原理

数为 $10^2 \sim 10^3$，因此，3 轮之后一个特异结合克隆将富集 $10^6 \sim 10^9$ 倍。

阳性克隆筛选的过程：

① Amp 抗性，挑选出含有质粒的克隆；

② 蓝白斑筛选，挑出带有插入片段的克隆；

③ PCR 筛选，挑出带有正确长度插入片段的克隆。

操作步骤：

(1) 识别

① 用 25 μL 抗原(0.1～1 μg/孔)于 4 ℃包被 ELISA 板过夜。抗原溶解于 0.1 mol/L Na_2CO_3(pH=8.6)中。

② 甩去孔中液体，用去离子水洗涤 2 次。

③ 用 3%BSA 封闭，隔绝空气或置于潮湿的容器中温育。

④ 37 ℃培养 1 h 后，甩去液体。

⑤ 每孔加入 50 μL 噬菌体悬液(共 10^{12} pfu)。

⑥ 封好孔置于湿盒中，37 ℃培养 2 h。

⑦ 去掉噬菌体，加满 TBS/0.5% Tween 20(TBST)，剧烈上下吹打。放置 5 min，去掉 TBST。在第一轮中用 TBST 洗 1 次，第二轮洗 5 次，以后各洗 10 次。

⑧ 每孔加入 50 μL 洗脱缓冲液(0.1 mol/L HCl，用甘氨酸调 pH 值至 2.2，BSA 1 mg/mL)。室温放置 10 min，剧烈地反复吹打。转移洗脱液至离心管内，用 3 μL 2 mol/L Tris 中和。也可用适当浓度的筛选抗原竞争洗脱。

(2) 复制

① 用洗脱液感染 2 μL 新鲜 TG1($OD_{600}=1$),室温下温育 15 min。

② 加入 10 mL 37 ℃的 SB(含 20 μg/mL Amp),立即取 10 μL、1 μL 涂布 LB 平板(含 100 μg/mL Amp)。将此培养物 37 ℃振荡培养 1 h。

③ 将 Amp 补加至 50 μg/mL,37 ℃培养 1 h。

④ 加入辅助噬菌体 M13KO7 共 10^{12} pfu,一般为 1 mL。

⑤ 转移至 100 μL SB 中,Amp 为 50 μg/mL,37 ℃培养 2 h。

⑥ 加入卡那霉素至终浓度为 70 μg/mL,37 ℃培养过夜。

⑦ 4 000 r/min 离心(4 ℃)15 min,转移上清并按前面步骤提取噬菌体。然后进行下一轮筛选。

测定噬菌体悬液滴度时,应取 1 μL 悬液稀释至 10^{-3}、10^{-6}、10^{-8},加入 50 μL 新鲜的 TG1 细胞($OD_{600}=0.5$),室温下感染 15 min,涂布于 LB 平板(含 100 μg/mL Amp)上。

3. ARDRA 分型与测序

将鉴定为阳性的 PCR 产物进行扩增性 rDNA 限制性酶切片段分析(ARDRA,amplified ribodomal DNA restriction analysis),分别用 Hinf Ⅰ、Csp6 Ⅰ 两种限制性内切酶消化(37 ℃)。1.2%琼脂糖凝胶成像鉴别各个阳性克隆的酶切图谱类型,最后综合各个阳性克隆双酶切图谱类型,将所有的阳性克隆分成若干个操作分类单元(operational taxonmic unit,OTU),统计操作分类单元的种类和各操作分类单元所含阳性克隆的数量,将每一个 OTU 类型送 1~3 个进行测序分析。

ARDRA 技术可在 16S rRNA 序列上区分细菌种(species)的差异。每一个特有的 ARDRA 类型代表了一个可操作分类单元 OTU,用这种方法显示的 OTUs 多样性可以用于估计样品中存在的最低限度的细菌种的数目。这一技术的优点在于可以快速而且准确地对克隆文库微生物种类进行分型,将相同酶切图谱的克隆划分为一种类型,这样避免了选择克隆测序的盲目性,同时减少测序数量和经费的使用。

4. 克隆文库的统计分析

Shannon-Weiner(香农-威纳)指数来源于信息理论。它的计算公式表明,群落中生物种类增多代表了群落的复杂程度增高,即 H 值愈大,群落所含的信息量愈大。

Shannon-Weiner 指数(H):

$$H=-\sum_{i=1}^{s}\left|(n_i/N)\ln(n_i/N)\right|$$

式中 n_i——第 i 个种的个体数目；

N——群落中所有种的个体总数。

上式也可表示成：

$$H' = -\sum_{i=1}^{s} p_i \ln p_i$$

式中，$p_i = n_i / N$，表明第 i 个种的相对多度。

第六节 末端限制性片段长度多态性技术

末端限制性片段长度多态性(terminal restriction fragment length polymorphism，T-RFLP)技术，又称为 16S rRNA 基因的末端限制性片段(terminal restriction fragment，TRF)分析技术，是一种新兴的研究微生物多态性的分子生物学技术。该技术已被成功地应用到各种微生物群落的比较分析、微生物群落多样性及结构特征研究等方面。

一、T-RFLP 技术的基本原理

T-RFLP 技术根据 16S rRNA 的保守区设计通用引物。其中一个引物的 5′端用荧光物质标记，常用荧光物质有 5-六氯荧光素氨基磷酸酯(HEX)、四氯荧光素(TET)、6-羧基荧光素(6-FAM)等。提取待分析样品的总 DNA，以它为模板进行 PCR 扩增，所得到的 PCR 产物一端就带有这种荧光标记。然后，将 PCR 产物用合适的限制性内切酶消化，一般选用酶切位点为 4 bp 的限制性内切酶。由于在不同细菌的扩增片段内存在核苷酸序列的差异，酶切位点也会存在差异，酶切后就会产生许多不同长度的限制性片段。消化产物用自动测序仪(选用 genescan 功能)进行检测，只有末端带荧光标记的片段能被检测到，而其他没有带荧光标记的片段则检测不到。这些末端标记的片段可以反映微生物群落组成情况，因为不同长度的末端限制性片段必然代表不同的细菌，也就是说一种末端限制性片段至少代表一种细菌。具体过程如图 1-6 所示。

末端限制性片段技术不但可以进行微生物种类的定性分析，还可以进行定量分析。在基因扫描图谱上，每个峰面积占总峰面积的百分数代表这个末端限制性片段的相对数量，即对应的限制性片段峰面积大，末端限制性片段的相对数量就大。但仅对末端限制性片段而言，峰面积百分比大并不能完全说明这种末端限制性片段所代表的细菌的数量也一定大，这是因为

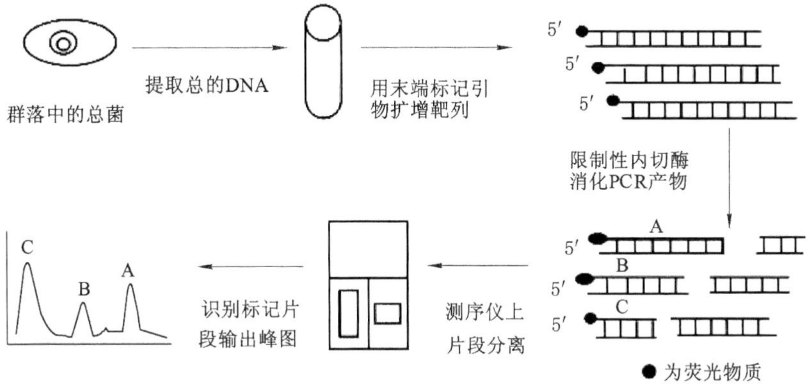

图 1-6 末端限制性片段技术基本分析过程

细菌基因组上的 16S rRNA 是以多拷贝的形式存在，而且拷贝数也不尽相同(一般不超过 10 个拷贝)。每种末端限制性片段的量是与 16S rRNA 的拷贝数呈正相关，而不是与这种细菌的基因组 DNA 呈正相关。尽管末端限制性片段是建立在 PCR 基础上的，但是它的重复性好，平行样得到的峰也几乎是完全一样的，因此用它来进行定性和定量分析是可靠的。

T-RFLP 技术具有三个明显的优势：① 序列数据库具有直接参考意义，也就是说，从消化产物中获得的所有的末端片段大小，可以与越来越丰富的序列数据库中的末端片段相对比，从而可以做系统发育的推断。② 核酸测序技术要比 DGGE 或者 SSCP 所依赖的电泳系统获得的结果更为可靠。③ T-RFLP的毛细管凝胶电泳分析更为快速，而且结果是以数据的形式输出。T-RFLP 技术这三个明显的优势使其成为一种理想的群落对比分析的方法。

二、T-RFLP 技术在研究微生物多样性中的应用

Liu 等利用 T-RFLP 技术分析了活性污泥、生物反应器内污泥、含沙水层以及白蚁内脏中微生物种群的多样性，是最早利用 T-RFLP 技术进行微生物群落对比分析的。结果表明，T-RFLP 是评估复杂微生物群落多样性、比较不同生态环境下微生物群落多样性及结构的快速有效的方法。Clement 等也较早利用 T-RFLP 技术进行群落对比分析，利用此技术分析了三种不同的细菌群落，包括鹿肠道、沙地以及被碳水化合物污染的沙地中的微生物群落。实验结果清晰表明了这三种菌落的不同，且根据末端片段的大小检测了 25 种不同的核酸类型。作为一种研究微生物群落特征的理想方法，

近几年来，T-RFLP 技术的应用发展尤为迅速，Kaplan 等利用 T-RFLP 技术研究了饲喂小鼠嗜酸乳酸菌 NCFM 过程中 NCFM 的动力学，以及肠道菌群结构的变化情况。Barkovskii 等利用 T-RFLP 技术研究了自然环境的变化对微生物群落的影响。Lueders 等利用 T-RFLP 技术研究了在稻田土壤灌溉之后，即一个典型的土壤还原过程之后，古细菌群落结构的变化情况。

作为一种研究微生物群落特征的理想方法，T-RFLP 技术越来越受到相关研究人员的重视。

第七节 变性梯度凝胶电泳

变性梯度凝胶电泳(denatured gradient gel electrophoresis，DGGE)最初是 Lerman 等于 20 世纪 80 年代初期发明的，起初主要用来检测 DNA 片段中的点突变。Muyzer 等在 1993 年首次将其应用于微生物群落结构研究。后来又发展出其衍生技术——温度梯度凝胶电泳(temperature gradient gel electrophoresis，TGGE)。

后来，该技术被广泛用于微生物分子生态学研究的各个领域，目前已经发展成为研究微生物群落结构的主要分子生物学方法之一。

一、DGGE 技术原理

双链 DNA 分子在聚丙烯酰胺凝胶电泳时的迁移行为主要取决于其分子的大小和带电荷的多少。DGGE 技术在一般的聚丙烯酰胺凝胶的基础上，加入了变性剂(尿素和甲酰胺)梯度，使同样长度的 DNA 片段在凝胶中的迁移行为不同，从而把同样长度但序列不同的 DNA 片段区分开来。DGGE 技术主要原理如图 1-7 所示。

碱基序列存在差异的 DNA 双链，其解链时需要的变性剂浓度不同。它们一旦解链，在聚丙烯酰胺凝胶中的电泳行为将发生很大的变化。因此，PCR 扩增得到的等长但序列不同的 DNA 片段在变性梯度凝胶中电泳时，会在各自相应的变性剂浓度下变性，DNA 双链空间构型的变化导致其电泳的速度急剧下降，最终停留在相应变性剂梯度的凝胶中，经染色处理，在凝胶上呈现出分离的条带。其中每个条带代表一个特定序列的 DNA 片段，在一个凝胶中不同泳道之间停留在相同位置的条带，可以被认为含有相同的 DNA 序列。上述原理仅适用于检测 DNA 片段中低温解链区存在的序列差异或突变，而位于高温解链区的差异或突变则无法检出。因为高温解链区

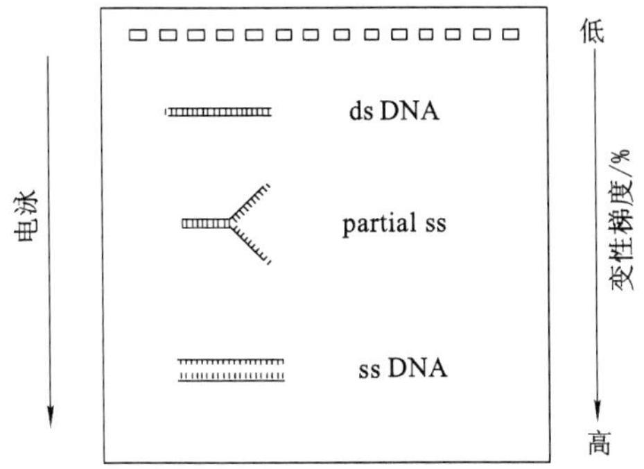

图 1-7　DGGE 技术主要原理示意图

解链的变性条件可使整个双链完全解开，单链 DNA 片段能在变性凝胶中继续迁移，进而导致序列依赖的凝胶迁移特性丧失，这种情况可以通过克隆或在待检目的片段的 5′端引入“GC 夹子”（富含 GC 的长约 30～50 个碱基对的 DNA 片段）的方法解决。在 GC 夹子这段序列处 DNA 解链温度很高，可以防止 DNA 双螺旋完全解链成单链，进而提高了 DGGE 的检测效率。此外，在此基础上又发展了一些相关衍生技术以扩大其应用范围，如恒定变性凝胶电泳、温度梯度凝胶电泳及瞬时温度梯度凝胶电泳等。

二、DGGE 关键技术步骤

DGGE 方法中最为常见的一种技术 PCR-DGGE 的基本流程如图 1-8 所示。主要包括：获取样本，提取微生物总 DNA；DNA 特定序列扩增及纯化；扩增产物 DGGE 技术分离和染色，获取指纹图谱，此图谱可相应反映出该环境中微生物物种的数量及该群落中的优势菌群。但为了得到更翔实的信息，往往对 DGGE 的目的条带或特异条带进行测序并鉴定分析，进而得到部分系统发育信息，或被印渍在尼龙膜上与标记的寡核苷酸专一性探针进行杂交，最终鉴定群落成员。在 DGGE 分子生物技术中，样品总 DNA 的提取和纯化是前提，主要包括高温裂解法、试剂盒法、化学裂解法、基于 SDS（十二烷基硫酸钠）的细胞裂解法及 PEG（聚乙二醇）法等。为了获取较好的试验效果，针对不同的试验对象所采取的方法也不尽相同。毛丹丹等发现高温裂解法和基于 SDS 的细胞裂解法更适合于活性污泥中细菌和真菌的 PCR-DGGE 分析。此外，在引物设计及 PCR 扩增方面，通常采用 16S rRNA 中的 V3 区引物，可获取较多的待测 DNA 条带数及较好的分离效果。

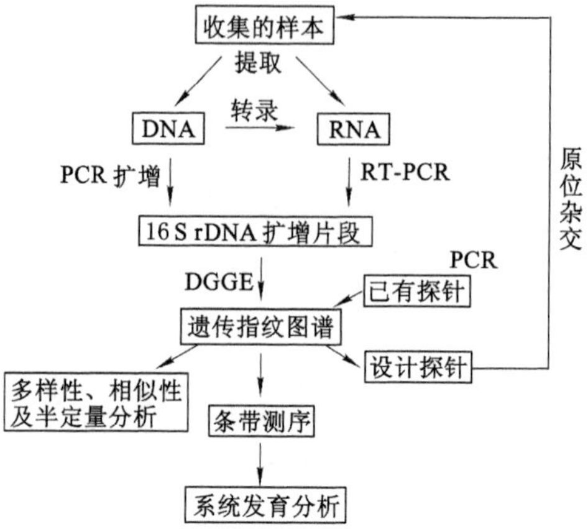

图 1-8　PCR-DGGE 方法工作流程示意图

为了获取较好的 DGGE 指纹图谱，提高分析速度，需要进一步优化 DGGE 分析条件。试验中，通常根据样品的 T_m 值和基因片段大小确定变性剂及浓度梯度。复杂样品 T_m 差异较大，分辨样品较多，变性剂梯度范围较宽；电泳温度要低于待测解链区域 T_m 值，其最佳电泳解链温度是由平行凝胶电泳试验确定的。但对于多数天然存在的 DNA 片段，最佳电泳温度为 50～65 ℃；溴化乙锭染色法和银染法是较为常用的显色法，但具有灵敏度低、误差大及不易回收等缺点。新一代的荧光核酸凝胶染料 SYBR Cold、SYBR Green Ⅰ及 SYBR Green Ⅱ等，具有背景低、灵敏度高、易染色且无须脱色，可直接用于胶回收后的测序和凝胶杂交分析等优点，具有较好的应用前景。

三、DGGE 技术的优缺点

传统的微生物分离分析方法主要是通过表型特征和细胞形态的观察，对其生理生化特性进行相应的比较分析，在早期的分类鉴定中起到了很大的作用。但实验室的一些培养方法采用配比简单的营养物质和固定的培养温度，难以达到某些特殊微生物自然条件下增殖所需要的条件，并且许多微生物是附着在沉淀物或颗粒上，显微镜也无法检测到。因此大量具有科研应用价值的新菌由于难培养或不可培养而无法被研究和利用，从而限制了人们对一些重要微生物的认识。基于 DGGE 技术的微生物多样性的研究具有其独特的优点，并被广泛应用。

该法优点如下：

① 可同时检测多种微生物，分析多个样品。DGGE 技术的一个显著特性就是可以同时对多份样品进行分析，DGGE 凝胶至少可以区分 10 个清晰可辨的条带，并且可以同时分析多个样品。袁宏林等基于 DGGE 技术研究生物造粒流化床污水处理反应器颗粒污泥中微生物群落结构及其动态变化，获得微生物群落的 DNA 特征指纹图谱。结果显示，生物造粒流化床污水处理反应器颗粒污泥中的微生物群落非常丰富，在 10 cm 处微生物的种属达到 23 种，60 cm 处为 21 种，110 cm 处为 20 种，即在生物造粒流化床不同高度都有一些各自的特有种属和共有种属。

② 检测极限低，有助于发现新的微生物。自然界中靠纯培养获得的微生物仅占 1%～15%，这些微生物只是易于在人工的营养条件及培养条件下形成克隆，并不一定是天然的优势菌群。DGGE 过程直接采用分子生物学的手段进行分析，避免了纯培养途径某些种属的损失，有助于发现新的物种。

③ 检测速度快，经济实用。DGGE 可以同时对多份样品进行分析，适合于监测环境中微生物在时间或空间上的动态变化，操作简便，省时省力。Meroth 等应用此方法成功快速地分析了各种面团发酵中乳酸菌数量动态变化规律。

④ 易与其他多种方法结合。DGGE 可以和传统培养方法、杂交技术、克隆测序技术、RFLP 技术、RAPD 技术、Biolog 技术、微生物传感器技术等方法结合来全面反映微生态的组成以及优势菌群的数量变化规律等。

该法也存在局限性，如影响 DGGE 分析结果的原因很复杂，涉及 DGGE 技术的全过程。例如细胞是否充分裂解以及核酸降解等因素，会影响 DNA 或 RNA 的提取效果；在 PCR 或 RT-PCR 扩增中，引物的选择、扩增程序和 PCR 产物的质量等均可能造成群落结构的分析偏差；梯度凝胶及电泳条件很难适合所有微生物的 DNA，不同菌的 DNA 扩增片段在电泳中可能具有相同的电泳条带位置；在 PCR 扩增过程中，模板扩增概率不均等，扩增效率低；近缘物种或菌株的 PCR 扩增 DNA 片段会形成嵌合体，变性梯度凝胶电泳时也可能形成异源双链体，影响群落结构分析的精确性；一个菌株甚至一个克隆可能产生多条带；理论上对于 500 bp 以内含 GC 堆积的 rDNA，DGGE 分辨率可以达到所有点突变的 95%，但实际上来自一种微生物的 DNA 量不到样品 DNA 量的 1% 时，肉眼则很难检测其 DNA 条带；DNA 放置的时间较长或反复冻融，将会出现比实际更多的条带。

DGGE在很大程度上克服了传统分离培养鉴定中无法鉴定非培养微生物的缺陷，在基因水平上简单、快速及准确性和重复性好，为自然界中多种微生态系统菌群多样性和动态分析提供了重要的理论依据。但该技术仍然存在一定的局限性，尚不能分析细菌基因表达水平、代谢特征及细菌数量等信息。因此需要和其他相关技术相结合进一步分析。在分析定量微生态系统中群落细菌数量和基因表达量方面，利用基于16S rRNA定量实时PCR的DGGE技术定量分析和基因文库分析差异种群的相对数量；在群落代谢活性方面，结合Biolog技术和酶学分析技术分析。另外，荧光原位杂交技术和稳定同位素探针的原位杂交技术可分别提供微生态系统中细菌相对数量和群落代谢特征，进而用于分析微生态系统中群落结构与功能之间的相互关系。因此，通过与其他分子生物学技术相结合，可以拓展DGGE技术应用范围，提高对样品中微生物的分子生态研究能力，更好地开发和利用有益的微生物资源。

第八节　荧光原位杂交

分子细胞遗传学的发展为宏观细胞学和微观分子生物学的研究架起了一座桥梁。早期细胞遗传学的研究是建立在细胞核和染色体基本特征上的，如染色体的长短、臂比、着丝粒、端粒、核仁组织区等，荧光原位杂交技术(fluorescence in situ hybridization，FISH)的出现标志着分子细胞遗传学一个重要阶段的开始。近年来，随着物理、化学技术的发展与进步，免疫染色、量子点和微流控芯片等不断被引入荧光原位杂交中，促进了荧光原位杂交技术和分子细胞遗传学的发展。

一、荧光原位杂交技术原理

利用荧光标记的寡聚核苷酸探针标记16S rRNA或23S rRNA，然后进行原位杂交探测，可以在原位状态下探测特定生物细胞，并可提供部分关于形态、空间分布等方面的信息。通过FISH技术可以解决在固定群落中微生物的分布问题。原始的生物膜和絮状污泥用多聚甲醛固定在凝胶包被的玻璃上，固定并已穿孔的细胞与荧光标记的寡核苷酸探针杂交，DNA探针就会与细胞中互补的DNA或RNA杂交；然后在荧光显微镜下就可以观察到发光的细胞，偶联的FISH在激光共聚焦显微镜下可以实现标记细胞在微生物菌落三维结构中的定位。常见荧光原位杂交探针见表1-4。

表 1-4　常用荧光原位杂交探针一览表

探针名称	系统类群	序列	T_m/℃	温度/℃ [C_{NaCl}/(mol/L)]
UNIV	universal	acgggcggtgtgtrc gwattaccgcggckgctg	62 64	37(0.5)
ARCH	Archaea	gtgctcccccgccaattcct	73	43(0.5)
BACT	Bacteria (EUB338)	gctgcctcccgtaggagt	64	37(0.5)
EUK	Eucarya	gggcatcacagacctg tagaaagggcaggga	58 54	37(0.5)
HiGC	High G+C Gram+	ccygatatctgcgca	45	37(0.5)
LoGC	Low G+C Gram+	tgtagcccargtcata	55	37(0.5)
CFB	Flavobacteria	tcagtrccagtgtggggg	58	37(0.5)
Alpha	Alpha-proteos	cgragttagccggggc	57	37(0.5)
Beta	Beta-proteos	tcactgctacacgyg	56	37(0.5)
Gamma	Gamma-proteos	cttttgcarcccact	41	37(0.5)
Delta	Delta-proteos	Gcttkcawgmagagg	47	37(0.5)
SRB2	Sulfate-reducers	cgygcgccrctytact	57	37(0.5)
Pseudo	Pseudomonas sp.	ccttcctcccaactt	52	37(0.5)
GSulf	Green Sulfur	cttttargggatttcctctg	54	37(0.5)
Eury	Euryarchaeota	cttgcccrgccctt gacctaccgtngyccr	58 52	42(0.5)
Cren	Crenarchaeota	ccagrcttgccccccgct	72	42(0.5)

荧光原位杂交技术是根据核酸碱基互补配对原理，用半抗原标记 DNA 或者 RNA 探针与经过变性的单链核酸序列互补配对，通过带有荧光基团的抗体去识别半抗原进行检测，或者用荧光基团对探针进行直接标记并与目标序列结合，最后利用荧光显微镜直接观察目标序列在细胞核、染色体或切片组织中的分布情况。FISH 技术发展早期，是应用放射性同位素标记探针来定位目标序列的，直到 1980 年 Bauman 等才用荧光染料直接标记 RNA 探针的 3′端，并检测到了特异的 DNA。1982 年 Manuelidis 等采用生物素标记的探针进行了染色体原位杂交。然而由于植物细胞中细胞壁的存在，非放射性生物素标记探针技术直到 1985 年才首次应用于黑麦中 120 bp 重复序列在小麦染色体上的分布研究。荧光原位杂交技术克服了放射性探针检

测周期长且危害人体健康的缺点，被广泛应用于基因定位、染色体识别、物理图谱的构建、进化分析等研究中（图 1-9）。FISH 技术常用的半抗原标记物有生物素和地高辛，检测的荧光基团有异硫氰酸荧光素（fluorescein isothiocyanate，FITC）、花菁染料（cyanine dye）和罗丹明（rhodamine）等。FISH 常用荧光素见表 1-5。

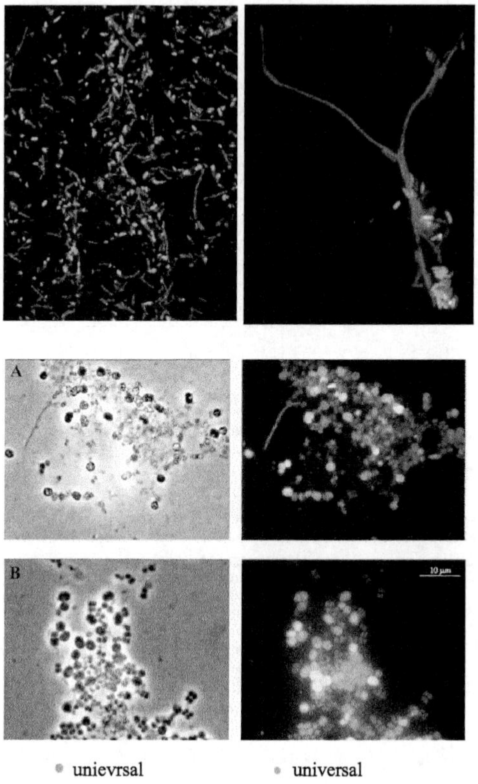

图 1-9　基于荧光杂交技术的微生物群落图

表 1-5　FISH 常用荧光素

荧光素名称	荧光染料激发波长/nm	发射波长/nm	颜色
AMCA	351	450	蓝
FITC(异硫氰酸荧光素)	492	528	绿
FluoXTM 52(262)(羰基-*N*-羟基丁二酰亚胺荧光素)	488	520	绿

表 1-5(续)

荧光素名称	荧光染料激发波长/nm	发射波长/nm	颜色
TRITC(四甲基罗丹明异硫氰酸盐荧光素)	557	576	红
Texas Red(得克萨斯红)	578	600	红
Cy3 TM	550	570	橙/红
Cy5 TM	651	674	红外

二、荧光原位杂交技术的研究进展

1. 免疫-荧光原位杂交技术

免疫染色(immunostaining)是生物化学中任何基于抗体来检测样品中特定蛋白质方法的总称。免疫染色最初是指组织切片的免疫组化染色,是由 Coons 首先提出的,目前免疫染色已涵盖了组织学、细胞生物学和分子生物学中所应用的诸多基于抗体的染色技术。免疫染色和荧光原位杂交技术相结合(immuno-FISH)可用来分析单细胞或者单个染色体水平上的特定序列与其相关联的蛋白质空间结构的关系,拓展了荧光原位杂交技术的应用范围,并且可以作为染色质免疫共沉淀结合的测序技术(chromatin immunoprecitation-sequencing,ChIPseq)或结合 DNA 微阵列技术(ChIP-chip)的一个互补方法。由于染色质免疫共沉淀结合的测序技术或 DNA 微阵列技术不能辨别处在细胞周期不同阶段的细胞,这样获得的数据只能代表一些不同基因表达模式的细胞群体或处于不同细胞周期的细胞群体所产生的平均值,而且这些技术也仅适用于已经测序或者已有芯片开发的物种。免疫染色结合的荧光原位杂交技术可以检测某一时期单细胞水平的某一 DNA 序列和与之相关联的蛋白质关系及其分布情况,这样有利于消除细胞间的差异性。

传统的制片方法常采用卡诺固定液,其中的乙酸会破坏蛋白质的结构,所以在进行 immuno-FISH 实验时通常采用 4%的多聚甲醛来固定材料;由于荧光原位杂交中有加热的处理步骤,为避免蛋白质结构遭到破坏,需先使用相关抗体进行免疫染色并检测相关蛋白的分布情况,然后再进行荧光原位杂交。另外,当免疫染色与多色荧光原位杂交相结合时,蛋白质检测的信号不能太强以免干扰到 DNA 序列的检测,其最理想的结果就是 DNA 和蛋白质都能被检测到。Heng 等利用多色荧光原位杂交和免疫染色相结合的方法研究了减数分裂前期的染色体和联会复合体之间的关系。immuno-FISH 还可用来检测特定区域的组蛋白修饰情况，如 Zinner 等利用三维技术分析了不同染色体组蛋白修饰的差异；Zhang 等检测了 rDNA 重复序列区域组蛋白修饰的分布情况。免疫染色还可以和纤维原位杂交（fiber-FISH）相结合，检测被拉伸的染色质区域一些序列和相关蛋白的关系，大大提高了检测的分辨率。Jin 等利用免疫染色和 fiber-FISH 检测了着丝粒序列和着丝粒蛋白的关系。近年来 immuno-FISH 在研究表观遗传学、细胞分裂以及探讨染色质的结构与基因表达的关系等方面发挥了重要的作用。

2. 量子点-荧光原位杂交技术

量子点（quantum dot，QD），又名半导体纳米晶体，具有独特的光化学和物理性质。自从成功地解决了量子点的水溶性和生物相容性的问题之后，量子点作为一种新型荧光染料，已被广泛应用于免疫组化、细胞追踪、活体成像、流式细胞术和荧光原位杂交技术等。与传统有机荧光标记物相比，量子点具有很多优点，如量子点的激发光波长范围宽，而发射光波长范围窄，可以在一个激发光下观察到多个不同的量子点标记物；通过调节量子点的大小和组成，得到不同发射光谱的量子点，适用于多色标记；量子点的荧光强度强，不易发生光猝灭等。

荧光原位杂交技术一般采用有机荧光染料来检测杂交信号，但是由于有机荧光基团容易发生猝灭，而且发射光波长范围宽，做多色杂交并在不同激发光下观察时，很容易串色。将量子点引入到荧光原位杂交体系中，不但可以解决这些问题，而且还大大提高了 FISH 检测的灵敏度。量子点-荧光原位杂交技术（QD-FISH）常通过两种方法来实现：一是间接标记法，即使用链霉亲和素-量子点偶联物来检测生物素标记的探针，目前市场上已有商业化的试剂盒出售；二是直接标记法，即使用量子点直接标记探针。尽管 QD-FISH 技术还不是很成熟，但还是有一些应用研究报道。Xiao 和 Barker 首先将链霉亲和素偶联的量子点应用到检测人类中期染色体上的荧光原位杂交信号，并且证明量子点比传统的有机荧光染料更耐光漂，其中 pH 值对量子点荧光原位杂交的成功实施是非常关键的；Bentolila 和 Weiss 进行了小鼠的量子点多色荧光原位杂交；Wu 等将合成的巯基乙酸量子点标记的 DNA 应用于大肠杆菌的荧光原位杂交；Ma 等成功应用量子点来检测植物染色体的微卫星杂交信号。随着 QD-FISH 技术的改进与成熟，量子点作为一种新颖的荧光染料，将会进一步推动分子细胞遗传学的发展。

3. 微流控芯片-荧光原位杂交技术

微流控芯片(microfluidic chip)技术是把医学、生物、化学等分析过程中的样品制备、反应、分离、检测等步骤集成到一块纳米级的芯片上,称为"芯片实验室"(lab on a chip)。整个过程可通过计算机操作,具有液体流动可控性、所需样品和试剂量较少、反应时间短等特点,而且还可以进行大规模的自动化样品分析。而传统的荧光原位杂交中探针的价格十分昂贵(尤其是医学诊断上需要的探针),且杂交的整个操作过程烦琐、耗时长,限制了FISH 技术的广泛应用。将微流控芯片与荧光原位杂交相结合(FISH on microchip),可以避免这些缺点,并将杂交检测的时间缩短到传统荧光原位杂交所需时间的 1/20(1 h 基本可以完成整个操作),而试剂量仅为原来的1/10,大大降低了成本,并且可以自动化一次分析多个样本。此外,在微流控芯片的平台上,免疫染色-荧光原位杂交技术和量子点-荧光原位杂交技术都是可以实现的,并且还可以大大提高检测效率和灵敏度。

三、荧光原位杂交技术的发展前景

荧光原位杂交技术从诞生发展至今,经过不断的改进与完善,逐渐形成了快速、灵敏、动态、多样化等特点,在细胞遗传学、表观遗传学及分子生物学等领域发挥着重要的作用,为基因组研究提供了强大的工具。荧光原位杂交技术已广泛应用于染色体的识别、DNA 序列的定位、物理图谱的构建、进化分析等研究。将量子点荧光原位杂交技术与免疫染色相结合,不但可以同时进行多种染色体蛋白与多种 DNA、RNA 序列的定位,而且还可实现对活体的实时检测。而微流控芯片与荧光原位杂交技术相结合,则可以减少试剂(探针和抗体等)的用量,节约成本,缩短反应时间,提高检测效率,尤其是一些低单拷贝序列的检测。将免疫染色、量子点荧光原位杂交、微流控芯片三者相结合,就可以同时对细胞进行各种处理,实时动态地观察各种染色体蛋白和 DNA、RNA 序列的关系。但目前微流控芯片需要专业的技术人员来制作、专门的仪器来操作,还没有实现市场化,有待进一步的研发和利用。今后,随着物理、化学和成像技术等的发展与应用,会有更多更新的技术手段被引入荧光原位杂交中,推动 FISH 技术在生物学、医学等领域中发挥更加重要的作用。

第二章 现代测序技术

早期微生物研究依赖于人工分离培养，而大部分微生物无法在实验室条件下生存，这阻碍了人们对微生物的了解。高通量 DNA 测序技术的发展，使研究者能够同时对多种微生物基因组进行测序，促进了不依赖培养的测序技术发展。微生物多样性研究主要分为两类：一类是只对物种标识基因如 16S rRNA 基因进行测序；另一类是对环境中所有微生物的整个基因组进行测序。本章着重介绍通过 16S rRNA 基因测序揭示群落结构多样性。

第一节 DNA 测序

DNA 测序（DNA sequencing，或译 DNA 定序）是指分析特定 DNA 片段的碱基序列，也就是腺嘌呤（A）、胸腺嘧啶（T）、胞嘧啶（C）与鸟嘌呤（G）的排列方式。快速 DNA 测序方法的出现极大地推动了生物学和医学的研究和发现。在基础生物学研究及众多的应用领域，如诊断、生物技术、法医生物学、生物系统学中，掌握 DNA 序列知识是非常重要的。具有现代 DNA 测序技术的快速测序有助于获得测序完整的 DNA 序列，或多种类型的基因组测序和生命物种，包括人类基因组和其他许多动物、植物和微生物物种的完整 DNA 序列。

一、扩增子测序

微生物是地球生物的重要组成部分，其细胞数量超过动植物细胞总量的 2～3 个数量级。由于传统培养只能培养出小部分微生物，人们先后开展了分子生物学方法的研究和生物学评价工作。在众多研究方法中，扩增子测序是研究微生物的重要手段之一。扩增子测序，以 16S rDNA 分子最为典型，该分子是研究细菌群落的最佳靶分子，利用保守区序列设计通用引物来进行 PCR 扩增及高通量测序，再利用可变区序列来进行种属分类。相比传统的分离培养方法，扩增子测序具有无须分离培养、准确、快速、灵敏等优点。

（一）技术原理

细菌 rRNA 按沉降系数分为 5S rRNA、16S rRNA 和 23S rRNA，它们分别含有约 120、1 540 和 2 900 个核苷酸。16S rDNA 是细菌染色体上编码 16S rRNA 的 DNA 序列，包括 10 个保守区和 9 个高变区，保守区在细菌间的差异不大，高变区具有属或种的特异性，随亲缘关系不同而存在差异。16S rDNA 片段长度适中、易于分析，已被广泛应用于细菌分类研究领域。可根据 16S rDNA 多个高度保守区设计细菌的通用引物，这些引物仅对细菌序列具有特异性，不会与非细菌的 DNA 互补，因此扩增出的 DNA 片段可靠性很高，而可变区存在的序列差异可用于对不同的细菌进行分类鉴定。因此，16S rDNA 可作为构建细菌群落系统发育树的有效标记。16S rDNA 扩增子测序技术是研究环境样品中微生物群落结构组成、挖掘样品之间差异的重要手段。图 2-1 所示为 16S rDNA 的结构。

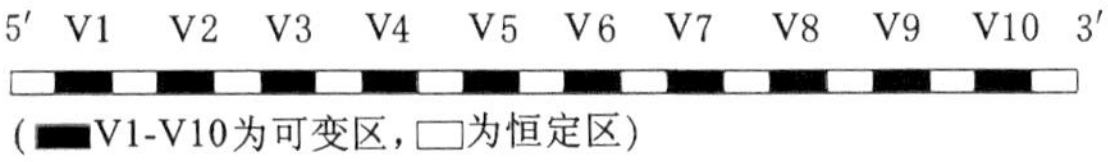

图 2-1　16S rDNA 结构

同理，18S rDNA 和 ITS 测序分别是针对真核微生物和真菌多样性研究的分类鉴定手段。

（二）16S rDNA 的数据分析

本节以 Mothur 软件为例，对 16S rDNA 高通量测序数据的处理和分析流程作简要介绍。

1. 16S rDNA 数据分析常用工具

16S rDNA 数据分析工具主要有 Mothur、QIIME、Ribosomal database project、GreenGenes database 和 Silva 等（表 2-1）。

表 2-1　16S rDNA 数据分析常用工具

软件名称	形式	网　址
Mothur	软件	http://www.mothur.org
QIIME	软件	http://qiime.org/

表 2-1(续)

软件名称	形式	网　址
Ribosomal database project	数据库	http://rdp. cme. msu. edu/
GreenGenes database	数据库	http://greengenes. secondgenome. com
Silva	数据库	http://www. arb-silva. de/
NCBI Nucleotide database	数据库	http://www. ncbi. nlm. nih. gov/nucleotide/

Mothur 软件包包含 DOTUR、SONS、TreeClimber、∫-LIBSHUFF 和 UniFrac 等程序(表 2-2)。除此之外，Mothur 软件包还具有一些额外的功能，例如在 Alpha 和 Beta 多样性分析中定量关键的生态学参数；提供维恩图、热图和系统树图的可视化工具；根据序列特性进行聚类以及实现以 NAST 为依据的序列比对等。

表 2-2　Mothur 软件包所整合的分析工具及其相应功能

软　件	描　述	功能及特点
Pyrosequencing pipeline	对用户提供的数据进行剪切和简化的在线工具	独立执行，速度快，灵活性高，具有附加选项
NAST, SINA, and RDP Aligners	利用特殊的数据库对用户提供的序列进行比对的在线工具	独立执行，可以利用多样处理器，速度快，灵活性高，开放资源
DNADIST	计算两两序列之间的距离	利用多重处理器，减少内存消耗，多种途径处理 gaps
DOTUR and CD-HIT	序列比对得到 OTUs，构建样本曲线，估计丰富度和多样性	有效的聚类，减少内存，灵活性高
SONS	计算群体之间相同的 OTUs 的大致比例和丰富度	生成系统发育树，文氏图，灵活性高
∫-LIBSHUFF	利用 Cramer-von Mises 统计来检测两群体是否有相同的结构	避免建立距离矩阵，可以呈现两两比对
TreeClimber	利用简约法来确定两种或多种群体是否有相同的结构	灵活性高，可以呈现两两比对
UniFrac	比较群体之间的进化距离来探测群体结构的差异	独立执行，灵活性高，可以输入引导树

QIIME 的主要功能是构建 OTUs 序列比对、建立系统发育树以及使用图表形象地展示数据之间的关系。QIIME 能通过整合不同的实验数据分析不同微生物群体的信息，现主要用于细菌 16S rRNA 基因的分析。Green genes database 是 16S rRNA 基因数据库，其功能包括 Chimera 序列剔除、序列比对和物种分类等。RDP(ribosomal database project)是细菌和古生菌的小 rRNA 亚基比对和分析工具。ARB 是对测序数据存储和分析的图形化软件，包含数据的输入和输出、序列比对、预处理和过滤计算等功能。SILVA 是一个提供细菌、古生菌以及真核生物 rRNA 最新数据的数据库，并结合 ARB 软件进行 rRNA 质量检测和序列比对，最终进行系统发育树的分析。

2. 16S rDNA 数据的基本处理流程

(1) 序列预处理

测序数据经处理后方可用于 OTU Table(操作性分类表)的建立。序列预处理需去除三部分的内容，即接头、引物序列和标签序列，低质量序列以及 Chimera 序列。Seqclean 软件能去除接头序列，或利用比对软件寻找接头位置，然后用自编程序去除；标签序列(barcodes)即序列开始的几个碱基序列可通过自编程序去除；Seqclean 软件还能去除引物序列。Lucy 软件能去除测序数据中低质量的序列。Chimera Slayer 软件或 UCHIME 软件可去除 Chimera 序列。表 2-3 为常用去噪软件。

表 2-3　常用的去噪软件

软件名称	网　址
Seqclean	http://sourceforge.net/projects/seqclean/
VecScreen	http://www.ncbi.nlm.nih.gov/VecScreen/VecScreen_d
Cross Match	http://www.phrap.org/phredphrapconsed.html
Bioedit	http://www.mbio.ncsu.edu/bioedit/bioedit.html
Chimera Slayer	http://microbiomeutil.sourceforge.net/
UCHIME	http://www.drive5.com/uchime/
PANGEA	http://pangea-16s.sourceforge.net/

Mothur 软件能完成去噪的全过程，具体处理步骤可查阅 Mothur 网站。表 2-4 为 Mothur 中序列预处理的常用命令及其功能。

表 2-4 Mothur 中序列预处理的常用命令及功能

命令	功能
sffinfo	从 sff 二进制文件中提取 fasta、qual、flow 格式的数据
trim. flows	利用 barcodes(标签)将序列归类
shhh. flows	使用 flow 格式的文件，提取符合标准的 fasta 文件
trim. seqs	利用 oligo 文件去除序列中的 barcodes 和 primer
unique. seqs	为减少计算的复杂性，检测出独一无二的序列存入 fasta 文件，并将其余相同序列的 ID 存入 name 文件中
align. seqs	与参考序列比对，并对每条比对序列进行描述
screen. seqs	移除不符合标准的序列
filter. seqs	移除序列中只有一个 gap 和缺失数据的列
pre. cluster	移除焦磷酸测序中产生的错误
chimera. uchime	与数据库比对，识别序列中的 chimeras
remove. seqs	移除序列中的 chimeras

(2) OTU Table 的建立

在分析样品中的微生物多样性时，通常需要引入操作性分类单位(OTU)。一般情况下，序列之间相似性达 0.97 时则认为它们可能属于同一个种(species)，例如不同的 16S rDNA 序列相似性小于 0.97，则可将其定为不同的 OTU，即每个 OTU 对应一个不同的细菌种。通过分析 OTU 便可得知样品中微生物的多样性，可供使用的软件为 UCLUST 软件。

(3) 后续分析

后续分析包括 Alpha 多样性分析、Beta 多样性分析及物种丰度分析。先将 OTUs 序列与参考数据库比对进行物种注释，然后建立系统发育树。建立系统发育树常用的软件有 Phylip、Mega、Phyml 及 MrBayes 等。OTUs 可用于物种丰度和群落结构分析；物种丰度分析包含稀疏曲线、Alpha 多样性分析、热图以及多元统计分析等；群落结构分析有单样品物种分布、多样品物种分布以及 Beta 多样性分析等。Alpha 多样性被称为生态环境内的多样性(within-habitat diversity)，是指微生物在栖息地或群落中的多样性，Beta 多样性也被称为生态环境间的多样性(between-habitat diversity)，是度量在地区尺度上物种组成沿着某个梯度方向从一个群落到另一个群落的变化率，因此后续分析需要根据测序数据而选择合适的分析方法。

二、全基因组测序

微生物群体几乎存在于世界每一个生态群落之中，从个体体表到肠道，从高原空气到海底淤泥，从冰川冻湖到火山岩浆，并扮演着不可或缺的角色。在数以亿计的微生物种类中，仅1%～5%的物种可培养，这极大地限制了对微生物多样性资源的研究和开发。利用高通量测序技术研究宏基因组学，能快速准确地得到大量生物数据和丰富的微生物信息，是研究微生物多样性和群落特征的重要手段。

（一）技术原理

本节以 Illumina/Solexa 测序平台得到的序列数据为例，对全基因组测序分析流程中所使用的软件和工具作简要介绍，并配合流程中的步骤对相应软件进行实例说明。

1. 序列去噪

测序过程中，计算机通过处理荧光图像数据来确定碱基，同时给出质量评分。根据荧光图像上的位置坐标，计算机按照顺序将测得的碱基连起来形成 Reads。由于序列污染和测序错误等因素，测序仪读出的 Reads 片段难免存在碱基质量问题，因此在拼接前必须对数据进行去噪，以保证拼接质量。

2. FASTQ 序列格式

FASTQ 数据格式由英国剑桥大学韦尔科姆基金会桑格学院(Wellcome Trust Sanger Institute)开发，该格式同时包含了测序数据和测序质量信息。FASTQ 格式有如下几种：Sanger 格式、Illumina 1.8＋格式以及 Solexa 格式(即 Illumina 1.0＋、Illumina 1.3＋ 和 Illumina 1.5＋格式)。图 2-2 为 Illumina 1.5＋格式，此格式每四行为一条 Read 的信息，其中第 1 行和第 3 行由识别标志和读段名组成，第 1 行以“@”开头，第 3 行以“＋”开头(一般其后信息可以省略，但是“＋”不能省略)，第 2 行为碱基序列排列信息，第 4 行为相应的碱基质量分数。

3. FASTQ 格式序列去噪

去噪过程的实例详见 http://solexaqa.sourceforge.net/index.htm。这里主要介绍 DynamicTrim.pl 和 LengthSort.pl 去噪程序。DynamicTrim.pl 的作用是去除质量差的碱基，例如，在命令行输入：“perl DynamicTrim.pl 1.fq 2.fq”，即可生成 1.fq.trimmed 和 2.fq.trimmed 两个文件。LengthSort.pl 的作用是针对已去除低质量碱基的序列，对少于一定长度(默认值为

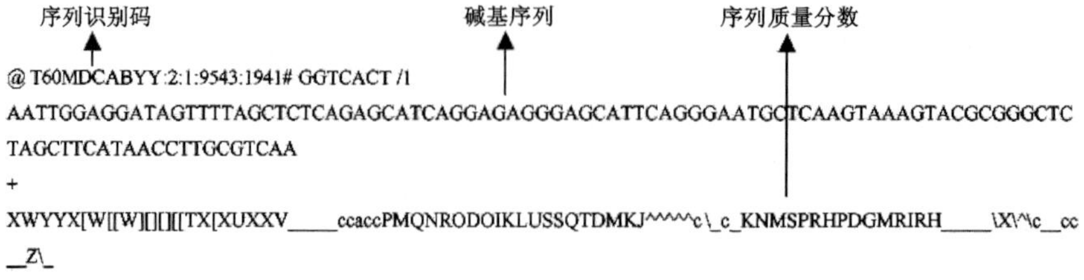

图 2-2 FASTQ 数据格式示例

25)的序列进行剔除。例如，在命令行输入“perl LengthSort. pl 1. fq. trimmed 2. fq. trimmed-l n”，则会生成 1. fq. trimmed. paired1 和 1. fq. trimmed. paired2 两个文件，它们将被用于下一步的组装。

4. 基因组拼装

由于新一代测序技术的读长(reads)较短，长度一般是几十至几百个碱基对，故需将这些读段组装成较长的序列(contigs)，便于后续的分析处理。基因组装即是把 reads 拼装成 contigs，再由 contigs 拼装成 Scaffolds。Scaffolds 也被称为 SuperContigs 或 MetaContigs，拼装输入文件大部分格式是 FASTA。与单个基因组拼装不同的是，宏基因组拼装最终得到的是环境样品中全部微生物的混合 Scaffolds。针对高通量测序数据，出现了多种拼装算法和软件。

5. 常用的基因拼装软件

目前拼装方法主要有两类，即针对有参考基因组的重测序数据及针对无参考基因组的从头测序数据。对于之前未被测定过基因组序列的物种，并没有参照基因组可供使用，于是只能采用从头测序方式，将测序仪读出的一条条 Reads 拼接组装成一个较为完整的基因组序列。针对从头测序的数据，目前主要有三种拼装算法，即基于重叠图的算法(overlap-layout-consensus，OLC)、基于德布吕金图(de Bruijin Graph)的算法及基于稀疏德布吕金图(Sparse de Bruijin Graph)的算法。

基于重叠图算法(OLC)的软件主要用于第一代测序技术产生的数据，主要有 Celera Assembler、PCAP 和 Arachne。基于 de Bruijin Graph 和 Sparse de Bruijin Graph 的算法主要用于第二代测序技术产生的数据。使用前者的软件主要有 SOAPdenovo、Velvet、SSAKE。使用 Sparse de Bruijin Graph 算法的软件为 Sparse Assembler。以 DBG 算法为基础的软件中，SOAPdenovo 速度最快，主要用于较大数据库的组装；Velvet 适用于极短读长的组装，能很好地消除序列错误，解决重复问题；SSAKE 拼接结果的 N50(N50 可作为拼装效果的指标，N50 较大时表明组装效果较好)较大，但拼接错误率很高，且运行时间和内存消耗都很大；Euler 软件在单末端短序列 Reads 组装中，N50 最大，但错误率也较高。目前，Sparse Assembler 内存需求最小，运行时间较快，N50 较大，组装效果很好。因此，使用者应根据自己数据的特点，选择适合的软件进行分析。表 2-5 列出了基因组拼装常用软件的算法、名称和具体出处。

表 2-5 基因组拼装常用软件

算法	软件	网址
Overlap-Layout-Consensus，OLC	Celera Assembler	http://www.mybiosoftware.com/assembly-tools/749
de Bruijin Graph	Velvet	http://www.ebi.ac.uk/～zerbino/velvet/
	SSAKE	http://www.bcgsc.ca/platform/bioinfo/software/ssake/
Sparse de Bruijin Graph	Sparse Assembler	http://sourceforge.net/projects/sparseassembler

6. 基因组拼装软件(SOAPdenovo)使用

基因组拼装的软件很多，本书仅以 SOAPdenovo 软件为例对去噪后 FASTQ 格式的 DNA 序列进行拼装，具体操作为：在命令行输入“./SOAPdenovo-63mer all-sexample.config-K53-o output_prefix”。其中“example.config”为配置文件，其中包含了运行程序所需要的参数设置，具体可参照 SOAPdenovo 手册。SOAPdenovo 的输出文件比较多，其中的“.contig”文件为 Contig 序列文件，即由 Reads 序列组装成的 Contigs，内容格式见图 2-3。“ScafSeq”文件包含了拼接出的 Scaffolds 序列，即由 Contigs 序列拼装而来的 Scaffolds，内容格式见图 2-4。“ScafSeq”文件是下一步基因预测的输入文件，序列格式为 FASTA 格式。

(1) 基因组 DNA 抽提

完成基因组 DNA 抽提后，利用 1%琼脂糖凝胶电泳检测抽提的基因组 DNA。

(2) PCR 扩增

按指定测序区域，合成带有 barcode 的特异引物。

为保证后续数据分析的准确性及可靠性，需满足两个条件：① 尽可能使

>11 length 54 cvg_0.0_tip_0
AAAAAAACAGTGGAATCTTTGTAAAACACGGCTATCAATTTTAATTCTGTTTAA
>13 length 54 cvg_0.0_tip_0
TTTAAAATATTTAAAGTGCCCCTTCAATATAGGCAACCCCTTAAAAATAGTGA

图 2-3 “. contig”文件内容格式

>scaffold1 3.0
CCCTGAGGGCTTACGAGAGTTATTTTTAACTAACTCTTTCGCAGATTGTAGATAAGCATCTCTAG
ATCGAGAGCTTGCATTTGCAGAGCTAATCGCATTAATTTGTTCNNCAATTTCTGTATCTTTTTTCG
TATATTTTCTGCTTCAAGGGAATTGATTCTATTCGCCAGTTCGTTTTTGTCACTGGACAGCGTTTT
GACTATTGTTTGCGCCTTGGTCAAAAAACTTTTGACTGATTTATGAATGGTAGGGTTCTGAAGAA
CAGGATCAATGCTGGTGTT
>scaffold2 5.6
GGTAAGGCAAACTTCCAGGAAAAGTTTCAACTTGAAGTGAAACCTCGTTTAGGAAGTACAGCGT
TGCCAATTTTCCATTTTTATGCGCTATACTCAAGGA

图 2-4 “. ScafSeq”文件内容格式

用低循环数扩增；② 保证每个样本扩增的循环数一致。随机选取具有代表性的样本进行预实验，确保在最低循环数中使绝大多数样本能够扩增出浓度合适的产物。

PCR 采用 TransGen AP221-02：TransStart Fastpfu DNA Polymerase；

PCR 仪：ABI GeneAmp®© 9700 型。

全部样本按照正式实验条件进行，每个样本重复 3 个，将同一样本的 PCR 产物混合后用 2%琼脂糖凝胶电泳检测，使用 AxyPrepDNA 凝胶回收试剂盒切胶回收 PCR 产物，Tris_HCl 洗脱，2%琼脂糖电泳检测。

(3) 荧光定量

参照电泳初步定量结果，将 PCR 产物用 QuantiFluor^{MT}-ST 蓝色荧光定量系统(Promega 公司)进行检测定量，之后按照每个样本的测序量要求，进行相应比例的混合。

(4) Miseq 文库构建

① 连接“Y”字形接头；

② 使用磁珠筛选去除接头自连片段；

③ 利用 PCR 扩增进行文库模板的富集；

④ 氢氧化钠变性，产生单链 DNA 片段。

(5) Miseq 测序

① DNA 片段的一端与引物碱基互补，固定在芯片上；

② 另一端随机与附近的另外一个引物互补，也被固定住，形成“桥(bridge)”；

③ PCR 扩增，产生 DNA 簇；

④ DNA 扩增子线性化成为单链；

⑤ 加入改造过的 DNA 聚合酶和带有 4 种荧光标记的 dNTP，每次循环只合成一个碱基；

⑥ 用激光扫描反应板表面，读取每条模板序列第一轮反应所聚合上去的核苷酸种类；

⑦ 将“荧光基团”和“终止基团”化学切割，恢复 3′端黏性，继续聚合第二个核苷酸；

⑧ 统计每轮收集到的荧光信号结果，获知模板 DNA 片段的序列。

(二) 基因预测

基因预测一般用于预测 DNA 序列中编码蛋白质氨基酸序列的部分，即预测结构基因。目前的预测方法主要有两类：一类是基于序列相似性的预测方法，即以 mRNA 或蛋白质序列为线索，在 DNA 序列中搜寻所对应的片段进行基因预测；另一类是基于统计学模型的预测方法，即利用数学统计模型进行基因预测，这种方法不依赖于已知的蛋白质编码 DNA 序列。

1. 常用的基因预测软件

原核生物的基因中具有容易识别的启动子序列，且原核基因不包含内含子而是仅由连续的编码区构成开放阅读框(open reading frame，ORF)，这些 ORF 的长度通常为几百或几千个碱基对；同时，原核生物的蛋白质编码区具有一些容易辨别的特征，因此基因预测准确性较高。然而，真核生物的基因结构相对复杂，具有明显的外显子-内含子结构，因此基因预测相对复杂。

适合原核生物的基因预测软件主要有 GeneMark、Glimmer 和 Fgenesb。适合真核生物的基因预测软件主要有 GenScan、GeneMark、TwinScan 和 HMMgene。

GeneMark 对原核生物、真核生物和病毒均能进行基因预测，曾被应用于对约 200 种原核生物和 10 多种真核生物的基因组进行基因预测，经实践证明是一个高效、准确的软件。Glimmer 被广泛应用于微生物的基因预测，通过内插马尔科夫模型识别出编码区域和非编码区域，能预测出基因组中 97%～98%的基因，且精确度较高。Fgenesh 主要用于细菌基因组的基因自动预测和注释，具有以下特点：基于马尔科夫链的高精度的基因预测；可以很好地预测启动子、终止子和操作子；在注释一个未知细菌基因组时，可以自动设定参数；可对 tRNA 和 rRNA 基因进行绘图。MED 运用了一种新的原核生物基因预测算法，该算法的基础为开放阅读框(ORFs)和翻译起始位点的(TISs)的综合统计模型。MED 2.0 在对 GC 含量高的细菌基因组和古细菌基因组的基因预测上具有明显优势。

GenScan 是基于广义隐马尔科夫模型的基因预测软件，通过建立整体结构模型对基因进行预测。它是不依赖现有的数据库的从头预测软件，曾被用于人类及脊椎动物基因组的基因预测。Fgenesh 应用隐马尔科夫模型，主要对植物基因进行预测，准确度和速度均高于 GenScan 等其他预测软件。由华盛顿大学开发的 TwinScan 适用于真核生物基因预测，它主要通过基因组序列比较来预测基因，准确性较 GenScan 要高。HMMgene 是基于隐马尔科夫模型的基因预测软件，主要用于预测 DNA 序列中的基因。表 2-6 列出了部分基因预测软件的名称和出处。

表 2-6 部分基因预测常用软件

	软件	网址
适合于原核生物	GeneMark	http://opal.biology.gatech.edu/GeneMark/
	Glimmer	http://ccb.jhu.edu/software/glimmer/index.shtml
适合于真核生物	GenScan	https://omictools.com/genscan-tool
	GeneMark	http://opal.biology.gatech.edu/GeneMark/
	HMMgene	http://www.cbs.dtu.dk/services/HMMgene/

2. 基因预测软件 GeneMark 的使用

使用 GeneMark 软件包中的“prokaryotic GeneMark.mm”程序进行基因预测，其具体命令为：“./gmhmmp-a-d-f g-m MetaGeneMark_v1.mod inputfile.fasta-ooutputfile.fasta”。其中“inputfile.fasta”为输入文件，它是一个组装好的 FASTA 格式的 DNA 序列(例如上一步生成的“.scafSeq”文件)。“MetaGeneMark_v1.mod”是预测所需的模型，可以通过 probuild 或者 GeneMarkS 生成，或是通过网络下载。图 2-5 显示了软件运行结果，包含预测得到的基因编号、ORF 开放阅读框位置、基因长度以及序列信息。若想得到 FASTA 格式的纯基因文件，可用 perl 语言自编写程序进行提取。

```
FASTA definition line: scaffold219_1 length=293
Predicted genes
  Gene     Strand    LeftEnd    RightEnd      Gene      Class
   #                                          Length
  145        +          <1         >291         291         1

Nucleotide sequence of predicted genes:

>gene_145|GeneMark.hmm|291_nt|+|1|291    >scaffold219_1 length=293
GAATGGAAAGAACATGAAGCGGAGGAGCAAGCCGGTTTCAGAGCAGGGAGATCAACGATC
GATCATTTATTTACCATTACCCAAGTGATCGAAAAGAAAATTATGGTGGGCCAGGGATTG
CATTTGGTGTTTGTGGACCTGCAGAAAGCCTACGATAGTGTGCCGTTAGTGAAACTTTGG
GAAGCTTTGAACAAAAGTGGTTTTAGTGGGGGGTTGGTGAATGCTATTAAGGAATTTTAT
AATGGGACGTATGCTAGGATTAAATCACACGGGGGCTTATCCCCCGGATTT
```

图 2-5　GeneMark. mm 运行结果

（三）基因注释

目前，基因注释主要通过序列比对来完成，即对两条（或多条）核酸或蛋白质序列进行排列，获得最大的相似性（核酸）或保守性（蛋白质），并据此来评价序列间的相似性和同源程度。序列比对是数据库搜索算法的基础，通过将查询序列与数据库中所有序列进行比对，可从数据库中获得与其相似程度最高的序列，且通过这些高相似度序列的功能信息，便能推测查询序列相关功能信息。对于宏基因组研究，基因功能和物种分类信息主要通过计算机程序软件与已有数据库中已注释的基因（ORF）进行序列比对而获得。

1. 常用的基因注释工具

基因注释常用工具有 InterProScan、WEGO、Blast2GO、DAVID、GO 及 KEGG 等（表 2-7）。InterProScan 是欧洲生物信息学研究所（European Bioinformatics Institute，EBI）开发的能较好识别蛋白质结构和功能位点的分析工具，它能够将 SWISS-PROT、TrEMBL、PROTSITE、PRINTS、PFAM 及 ProDom 等数据库提供的蛋白质序列中的各种局域模式，如结构域及 motif 等信息统一起来进行分析。WEGO（web gene ontology annotation plot）是一个基于网页（web）界面的可视化工具，可用来比较和绘制 GO 注释结果。InterProScan 的输出结果可以作为 WEGO 的输入数据。Blast2go 是一个用于基因注释分析的可视化桌面程序，可通过直观的交互式操作，监控、调整数据的注释和分析过程，因此可用于无参考基因组序列的基因注释。DAVID是整合了功能基因注释和直观图表的网络数据库，可将原始数据转化为有生物学意义的信息，从而能够对海量的基因数据进行解释说明。GO(gene ontology)是GO组织于2000年构建的结构化标准生物学模型，其涵盖了基因的细胞组分、分子功能及生物学过程。KEGG(kyoto encyclopedia of genes and genomes)是可以对基因功能及信息进行系统分析的数据库，它整合了基因组、生物化学以及系统功能信息，帮助研究者将基因及表达信息作为一个整体进行研究。KEGG数据库是进行生物体代谢分析和代谢网络分析等的强有力工具之一。

表 2-7 基因注释常用工具

基因注释工具	形式	网 址
InterProScan	软件	http://www.ebi.ac.uk/interpro/search/sequence-search
WEGO	Web 工具	http://wego.genomics.org.cn/
Blast2GO	软件	https://www.blast2go.com/
DAVID	数据库	http://david.abcc.ncifcrf.gov/
KEGG	数据库	http://www.genome.jp/kegg/
GO	数据库	http://www.geneontology.org/

2. 基因注释软件(Blast2GO)使用

Blast2GO须在Java环境下运行，安装Java后，在命令行中输入："javaws blast2go.jnlp"，将出现一个运行界面。FASTA格式的待注释基因数据(即基因预测提取的数据)，可在线或建立本地数据库进行比对。根据需要在运行界面的工具栏选择相应的选项进行注释及分析。

第二节 RNA测序

一、原核转录组测序

(一) 技术原理

原核生物转录组测序原理是利用第二代高通量测序技术对原核生物的转录本(mRNA和非编码RNA)进行测序，全面快速地获取特定微生物在特定状态下的所有转录本的信息。通过转录组测序研究可以揭示微生物不同表现型形成的分子调控机制。原核生物转录测序技术路线图见图 2-6。

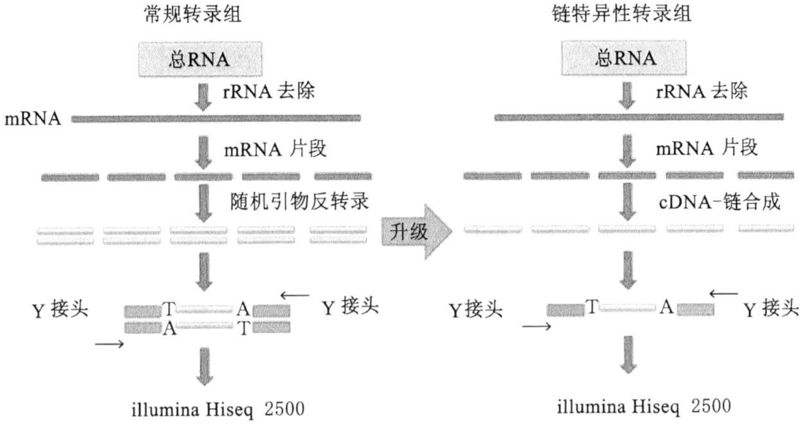

图 2-6 原核生物转录测序技术路线图

原核生物的 mRNA 一般为多顺反子,直接拼接效果较差。若没有参考基因组,需要先作一个基因组扫描图来辅助后期转录组分析。原核生物 mRNA 没有 Poly A 结构,无法用 Oligo dT 纯化 mRNA,必须通过去除总 RNA 中的核糖体 RNA 来纯化得到 mRNA。

链特异性转录组合成 cDNA 第二条链时,加入的 dNTPs 试剂中用 dUTP 代替 dTTP,使 cDNA 第二链中仅包含 A/U/T/G。在 PCR 扩增前,用 UNG 酶将 cDNA 第二链消化,从而使文库中仅包含 cDNA 第一链。

若要测序 mRNA 首先必须先将 mRNA 纯化出来,然而,原核生物并不像真核生物 mRNA 具有 poly A 的结构,因此,无法直接利用 oligo T 将 mRNA 纯化出来,如果拿总 RNA 进行测序,那么定序的效率一定会非常差,要提升原核生物 mRNA 的量,最主要的方式可分为两大类:

第一类是减少 rRNA 的量[图 2-7(a)与(b)]。图 2-7(a)的方式是利用 rRNA 的 probe 将 rRNA 去除,这也是最常用的方式,然而,去除 rRNA 的效率会与 probe 序列的设计和生物物种有关;图 2-7(b)的方式是利用针对 rRNA 作用的酵素将 rRNA 去除,主要是因为原核生物的 mRNA 5′端有三个磷酸,而此酵素无法对三个磷酸的结构作用,因此,能够有效去除 rRNA。

第二类则是将 mRNA 分离纯化出来[图 2-7(c)与(d)],图 2-7(c)的方式是利用 *E. coli* 的 poly A polymerase 将 mRNA 3′端接上 poly A,再利用

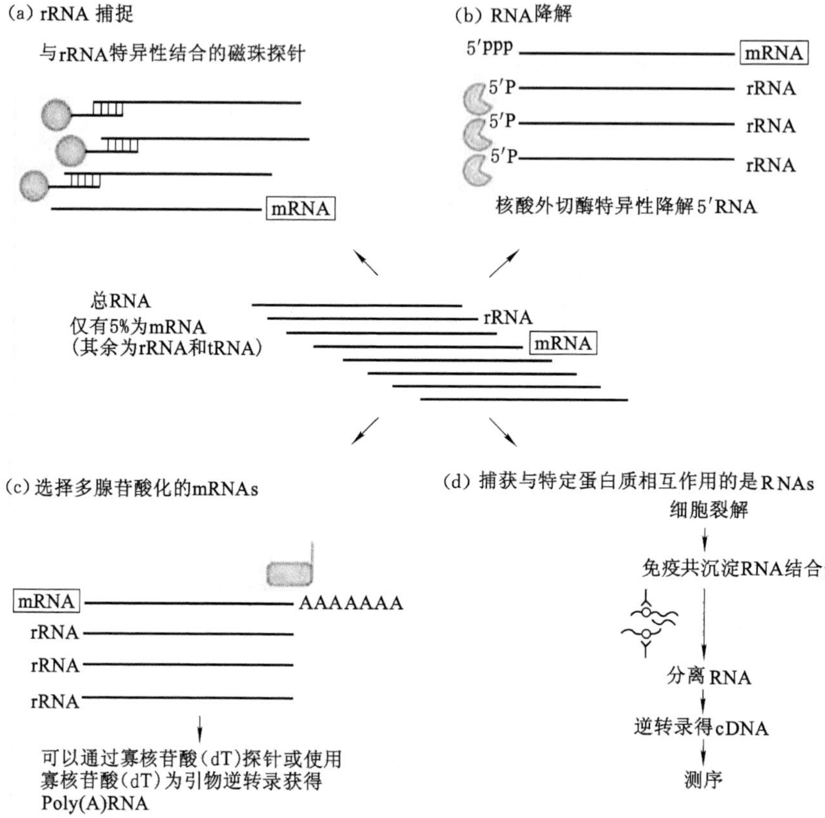

图 2-7 提升原核生物 mRNA 的方法

oligo T将 mRNA 纯化出来；图 2-7(d)的方式是利用 Co-IP 的方式针对 RNA 结合蛋白质进行 IP，最后再将 mRNA 纯化出来。

（二）链特异性测序

在关于转录组学的研究中发现，物种中普遍存在反义转录现象。反义转录的生物学功能明晰，它能在生物体正常生理状态和病理状态下发挥各种作用。因此，在更深层次研究转录组时，对正义链和反义链的测序和分析研究成为一个重点。标准的 RNA 测序方法一般需要合成双链的 cDNA，这样会丢失 RNA 链的部分信息。此外，在 cDNA 第 1 条链合成后需要依赖 DNA 聚合酶(DDDP)反转录产生 cDNA 的第 2 条链，此过程会引入虚假的信息，这能混淆转录检测的分辨率。作为抑制反转录酶 DDDP 活性的物质，放线菌素 D 的有效抑制作用尚未被报道。为克服这些难题，已经开发了链特异性 RNA 测序的分析策略。

对特异性链信息的获得依赖于 3 种方式：第 1 种方法是在 RNA 尾部或 cDNA 第 1 条链预定方向连上接头，已知方向上的接头被作为获取 RNA 链信息的参考点；第 2 种方法是直接对 cDNA 的第 1 条链进行测序；第 3 种方法是在合成的 cDNA 第 2 条链或 RNA 上进行选择性标记。这些方法可以让大家更了解反义转录过程，包括反义 RNA 转录位点图谱的建立如核糖体转录位点和识别新的反义转录的启动子。以酿酒酵母的基因组作为参考，比较这 3 种方法，结果发现关于链特异性水平、平均覆盖率、注释信息、建库复杂性以及定量表达谱分析等具有差异。关于外界酶的添加对这些数据造成的特异性偏差依然缺乏更深入的研究，这些数据合理处理的问题也成为日后研究的重点。

首先，逆转录酶在合成 cDNA 的第 1 条链并转录形成 cDNA 第 2 条链时具有倾向性，目前尚不明晰这个依赖于 cDNA 第 1 条链测序的方法是否完全具有单链的特异性。这些方法通过对单链特异性进行比较分析获得已知反义链的方向、基因注释以及相对读取位置。有研究表明，小部分的读取方向是反义方向，所以这些链可能不完全具有单链特异性。此外，cDNA 第 1 条、第 2 条链不能恰当地对参考序列进行定位。对基因组正义和反义的转录给出了不完全的注释，即使在酿酒酵母模式物种中，这些方法也不能完全确定链的特异性。

其次，添加接头的方法具有序列的偏好。依赖于接头的方法会存在不同表现性的偏差，这种偏差存在于转录组分析和核糖体分析中。与使用 3′端多聚腺嘌呤酶获得的文库相比，使用接头获得的文库存在覆盖率不均匀的现象。

最后，其中一些方法包含使用溶液或者添加步骤中都会添加外来物如 DNA 聚合酶，例如，对 GC 形式的偏差和重复形式的读取。RNA 模板对 GC 形式的存在有一定的偏差，所以拥有中度 GC 含量的特异 RNA 链对其重复序列的读取是主要解决的问题之一。这些影响因素能通过链特异性 RNA 测序技术的发展或已有测序技术的改变和提高得到解决。

二、宏转录组测序

（一）技术原理

宏转录组测序技术（metatranscriptomic sequencing）通过对特定时期、特定环境样品中所有微生物群落的转录本进行大规模高通量测序，可以直接获得环境中可培养和不可培养的微生物转录组信息。这种技术不仅具有宏基因组技术的全部优点，可以检测环境中的活性微生物、活性转录本，还可对活性功能进行研究，比较不同环境下的差异表达基因和差异功能途径，揭示微生物在不同环境压力下的适应机制，探索环境与微生物之间的作用机理。具体实验流程见图 2-8。

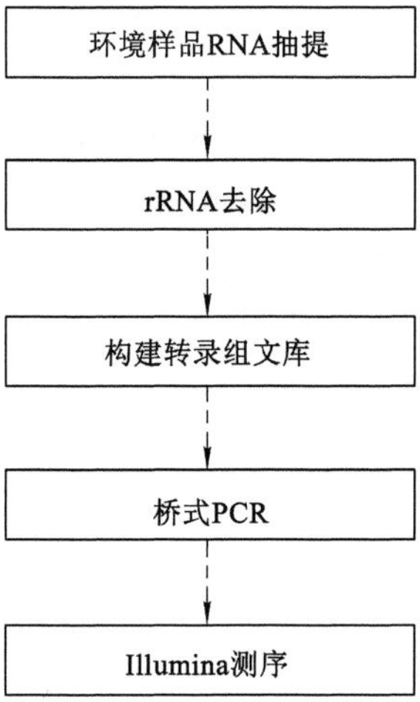

图 2-8　实验流程

宏基因组测序（metagenomics sequencing）是对特定环境（或者特定生境）样品中的微生物群体基因组进行高通量测序，解读微生物种群结构、多样性与丰度、基因功能活性，微生物与环境、微生物与宿主相互协作关系。宏基因组测序研究摆脱了微生物分离纯培养的限制，扩展了微生物资源的利用空间，为环境微生物群落的研究提供了有效工具。宏基因组测序分为两种：一种是对样本中全部 DNA 进行建库并测序，另一种是 16S rDNA 区段进行 PCR 特异扩增后再对扩增产物测序。

16S/18S rDNA 测序与宏基因组测序的区别：16S/18S rRNA 基因测序以细菌 16S rRNA 或者真菌 18S rRNA 基因测序为主，核心是研究样品中的物种分类、物种丰度以及系统进化。宏基因组测序以环境样品中的微生物群体基因组为研究对象，直接从环境样品中提取全部微生物的 DNA，构建宏基因组文库，利用高通量测序技术分析环境样品所包含的全部微生物的群体基因组成及功能和参与的代谢通路，解读微生物群体的多样性与丰度，探求微生物与环境、微生物与宿主之间的关系，发掘和研究新的、具有特定功能的基因。

宏转录组测序是以环境中全部 RNA 作为研究对象，从整体水平上研究某一特定环境、特定时期环境微生物群落的全部基因组转录情况以及转录调控规律，提取环境微生物群落中的全部转录本，进行高通量测序，通过信息分析手段揭示微生物在不同环境条件下的基因调节调控和表达的差异性，与宏基因组研究相辅相成。用于宏基因组分析的常用数据库及分析平台见表 2-8。

表 2-8　用于宏基因组、转录组和宏蛋白组分析的常用数据库及应用领域

数据库名称	应用领域
高级微生物生态研究与分析(CAMERA)	用于搜索微生物生态的群落、基因组数据和生物信息工具
肠道微生物基因组整合(IMG/M)	基于基因组序列对微生物群落基因组分析和标注的工具
人类口腔细菌数据库	人类口腔中细菌和真核生物数据库
SEED	用于细菌和古菌的基因组、转录组学基因标注等
MEGAN	系统发育网络和进化树,宏基因组分析,基因组序列分析和进化生态学
基因组功能自动分析	使用 SEED 序列片段注释,系统发育代谢分类和比较的工具
蛋白质拼接模型	蛋白质家族的多重序列拼接
蛋白质功能进化分类	蛋白质结构和功能进化分类
蛋白质数据库	蛋白质序列及功能信息
质谱技术鉴定蛋白质数据库	使用质谱技术鉴定蛋白质数据库搜索引擎

(二)特点和优势

1. 测序量小,发现新基因的能力强

在过去几十年中,大量的转录组测序已经完成,它们回答了药物学与生物学中许多关键性的问题,并且为解释某些抗冲击表型,比如抗紫外线、抗热击等相关基因的表达提供了有价值的依据。这些转录组序列信息的获得大多数是应用 DNA 芯片技术来完成的。起初,这些研究仅限于单个纯培养的生物体,后来扩大到包含几种生物的小群落。以 DNA 芯片为基础构建的表达谱能够包含一定量的信息,但是芯片的制作需要基因或全基因组序列有相应的注释。这就降低了从环境中获得新的功能的蛋白质的可能性。相比较之下,宏转录组研究的样品可以包括许多种类的生物,而且得到的 mRNA 序列大多数是未知的,结果分析也不需要已知基因注释,因此宏转录组对于发现新种类的蛋白质具有非常大的潜力。与宏基因组相比,转录组需要的测序容量较小,在检测的灵敏度和定量的可靠性方面也比较好,这些特点尤其适合于研究低编码密度真核生物基因组。

2. 在一次实验中能够同时对群落结构和功能进行研究

宏转录组的数据包括 rRNA 和 mRNA,这样就可以对样品中微生物群落结构和原位功能进行解释。将微生物群体复杂的群落分类与它们的功能相关联，可以利用这一特点有效地监控由环境引起的群落结构和功能的变化。比如，使用该方法可得到自然状态下群落活动的整体数据，实现三个域的生物成员丰度的同步定量评估，同时，也可检测到丰富的 mRNA，从 mRNA 中得到群落生理代谢的情况，并进一步分析了样品中各个群落组成成分的功能。

（三）宏转录组学的研究策略

近年来，随着分子生物学技术的迅速发展，广大科研人员主要采用新一代测序技术（next-generation sequencing technologies, NGT）挖掘不同环境微生物资源。NGT 技术不仅可以分析不同样品中已知和未知的微生物转录组，而且还可以研究微生物群落与功能之间的关系。在新一代研究技术中，cDNA-AFLP、微阵列和焦磷酸测序是较为常见的研究策略，下面简要介绍几种研究技术。

1. cDNA-AFLP 技术

cDNA-AFLP 技术，即 cDNA 扩增性片段长度多态性图谱技术，是在 AFLP（amplified fragment length polymorphism）的基础上发展起来的 RNA 指纹图谱技术。通过对 cDNA 限制性酶切片段进行选择性扩增，获取扩增片段的基因表达信息。该技术可以有效地分析单个样品中一些生物进程的基因表达情况，具有较高的灵敏度和特异性，在没有经过测序的情况下还可以对未知的一个基因组或多个基因组进行研究，能检测低表达基因和区别同源基因。

2. 微阵列技术

自 1995 年首次提出微阵列技术以来，作为一种强有力的基因技术，已逐渐被应用于宏转录组学的研究上，特别是其中的寡核苷酸微列阵技术，由于其特异性高，便于构建等优点，可能成为微生物宏转录组学研究的重要方法。

3. 焦磷酸测序

焦磷酸测序技术是一种新的 DNA 序列分析技术，其特点是操作简便、高通量、自动化，适合大量样本的快速检测，无须进行电泳，DNA 序列无须荧光标记等，是一个理想的分析技术平台。在宏转录组学的研究中，焦磷酸测序运用较为广泛。

第三节 前沿技术

一、宏病毒测序

病毒宏基因组测序又称宏病毒组(virome),是在宏基因组学理论的基础上,结合现有的病毒分子生物学检测技术而兴起的一个新的学科分支。宏病毒组直接以环境中所有病毒的遗传物质为研究对象,能够快速准确地鉴定出环境中所有的病毒组成,在病毒发现、病毒溯源、微生物预警等研究方面具有重要作用。宏病毒研究可应用于人或动物肠道或者血液样本、海洋、土壤等的研究,用以挖掘潜在的对人类和环境的危害。具体流程见图 2-9。其中生物信息学分析类型见表 2-9。

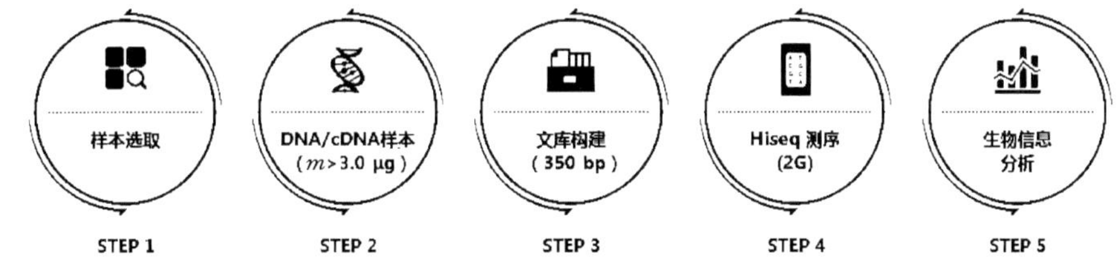

图 2-9 技术流程

表 2-9 生物信息学分析类型

数据质控	低质量读长过滤	Adaptor 过滤
	宿主过滤	—
物种注释	读长比对 VirusNT	Virus Refseq
	Acalme	—
物种丰度分析	丰度柱形图	Krona 分析
	物种丰度聚类图	—
物种显著性差异分析	差异物种箱图	差异物种聚类图
	主成分分析	—

二、环境微生物三代测序

(一) 技术原理

1. SMRT(single molecule real time)技术

SMRT 技术是 PacBio 公司的新型 DNA 测序技术,其核心在于零模式波导技术(zero-mode waveguide technology,ZMW)。ZMW 实质是一些直径为 100 nm、厚度为 70 nm 的微小纳米孔,此空间正好可容纳一个 DNA 聚合酶分子,从而使得在此位置可观察到合成 DNA 链过程[图 2-10(a)]。由于成千上万个纳米孔同时作用,因此我们可重复观察到此现象。事实上,此时的 DNA 聚合酶才是整个测序过程的引擎。DNA 聚合酶附着在 ZMW 孔的底部,身上携带有荧光标记的碱基,每个碱基上有不同颜色的荧光染料。聚合酶以单个 DNA 分子为模板,当 DNA 聚合酶读取模板结合不同的碱基时就会发出不同颜色的荧光信号,此时检测器就可由颜色来判别碱基种类。当反应完成后,荧光标记被聚合酶裂解而弥散到孔外,由此完成测序工作[图 2-10(b)]。长期以来单分子测序技术最大的瓶颈是在测序过程中生物材料会引起相当大的背景噪声,而 SMRT 的零模波导技术首次攻克了这一难题。

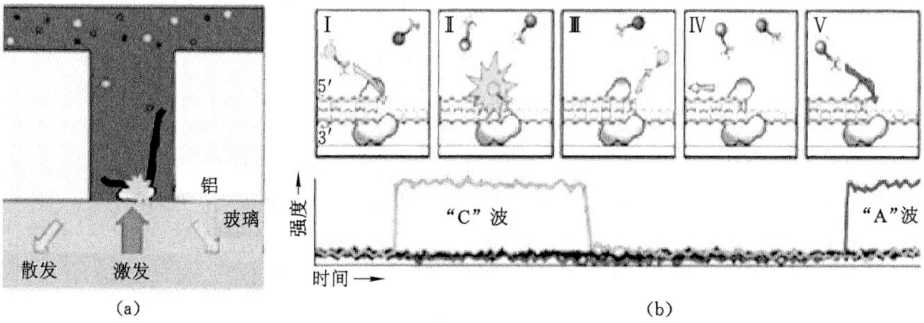

图 2-10 SMRT 测序技术

2. Oxford Nanopore(纳米孔单分子)技术

Oxford Nanopore 技术不是采用以往“边合成边测序”的方法,而是采用“边解链边测序”的方法。核酸外切酶与 α-溶血素纳米孔相耦合是此测序平台的核心。纳米孔外包被有脂质双分子层,在其两端各有一对电极[图 2-11(a)]。脂质双分子层两侧盐浓度不同,其主要作用是满足外切酶的活性条件。外切酶被共价结合在纳米孔的入口处,当单链 DNA 模板通过纳米孔时，外切酶会“捕捉”到 DNA 分子并将碱基剪切下来，使其依次单个通过纳米孔[图 2-11(b)]。已检测过的碱基被很快清除，因此不会出现重复测序现象。Oxford Nanopore 技术关键在于控制碱基穿过纳米孔的速度。纳米孔长度仅为 5 nm，因此为保证可监测到每个碱基，要求速度保持在 1 核苷酸/ms。已证实采用环糊精配接器与 α-溶血素纳米孔共价结合可有效降低其通过速率。因此当单个碱基通过接有环糊精配接器的纳米孔时，电流会受到干扰，从而根据不同的电流特征来判断相应的核苷酸种类。

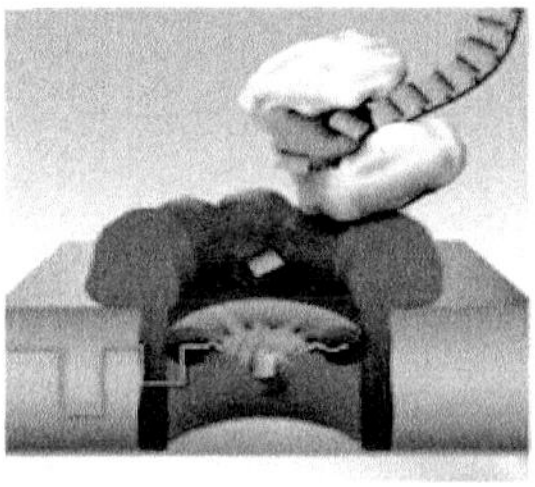

(a)

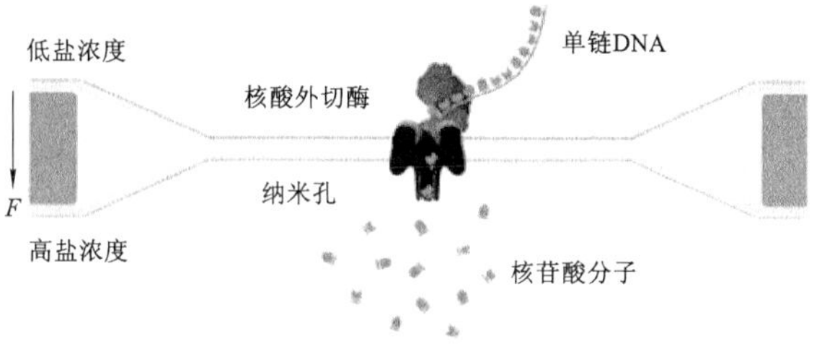

(b)

图 2-11　纳米孔单分子测序技术

3. tSMS(ture single molecule sequencing)技术

tSMS 技术需先对待测 DNA 样品进行裂解和变性处理以获得多条 DNA 单链，在其 3′末端多聚腺苷酸化，使其带有 Poly(A)尾，末端腺苷酸用 Cy5 荧光染料标记。同时要在末端进行阻断，防止其在测序过程中延伸。带有 Poly(T)尾的寡聚核苷酸共价结合在玻璃盖片上，其作用是捕获模板，并作为延伸时的引物。这些玻璃盖片被随机放在流动槽里，当二者结合后，CCD(charge coupled device)相机记录杂交模板所处的位置，建立边合成边测序位点，同时解除 Cy5 荧光标记。随后与 DNA 聚合酶和荧光标记的核苷酸(4 种碱基之一)相混合，反应完成后洗脱掉未反应的 dNTP 及 DNA 聚合酶，最后通过 CCD 相机在激光作用下读取杂交模板信息。当标记解除后，加入下一种核苷酸及 DNA 聚合酶，新的碱基可被结合，依此反复循环，从而确定碱基序列。

(二) 第三代测序技术在基因组学研究中的优势

目前报道了许多由前代测序技术未能解决而最终由第三代测序技术完成的对目标菌株的完整测序工作。第三代测序技术的优势可总结为以下 3 点：① 高 CG 含量的测序。高 CG 含量通常都是 CG 富集序列(CG 多次重复)，因此扩增困难、容易混淆，且对测序量有一定要求。而第三代测序技术无须扩增环节，因此大大提高了高 CG 含量测序的准确率。② 重复序列等复杂结构。染色体、质粒具重复序列或环状、发夹环等复杂结构，给测序带来困难，而第三代测序技术可利用跨越、循环等测序技巧克服此类困难。③ 更正软件。第三代测序技术虽在精准度上不具有优势，如 10 kb 左右长度的序列在单向、连续通过 SMRT 测序仪时精准度仅为 82.1%～84.4%，而使用软件更正后可获得大于 99.99%的精准度。此类软件有 pacbioCA、LSC、PBcR 等。此外，随着测序深度的增加，测序错误率可被控制在极低范围之内。

第三代测序技术无疑推动了生物、医疗、化学、计算机等多领域的发展。科研者们可实现低成本、短时间对物种的认识，从而合理地设计实验方案，加快物种的研究进程；相信人类个人基因组档案的建立已为时不远，届时可实现对遗传性疾病的诊断和治疗，并用于人类医疗保健的指导。每代测序技术都有其优缺点，新测序技术的出现并不否定原有的测序技术，关键在于掌握各种技术的优缺点，根据实际问题选用合理的测序手段。如可利用第二代测序技术的高精准度结合第三代测序技术的长读长优势来应对今后繁重的测序任务，且这种“2＋3”的模式目前已被很有效地应用。

三代测序数据的整合通常需 2 个步骤，即利用二代测序数据对三代测序数据进行更正及更正序列的从头组装。当然这其中也存在一些困难和挑战，具体为：① 这种“杂交”的测序方法通常要求制备至少 2 个不同的测序文库，这对人力和物力的消耗都是一个不小的挑战；② 基因组组装实质上是利用一些组装算法对序列进行基因组的重新构建，而通常这些组装算法对文库及基因组大小有一定要求，如短叠连群的错误就可能“逃脱”而未被更正，太大或太小的基因组都可能超出其作用范围；或者不同的组装算法对不同区域，如外显子、内含子等的组装都有其不同的局限性。因此，为了更好地实施这一方案，未来我们需开发更精确、更广适用性的组装算法，提升硬件和软件实力，并在技术选取和相对成本上做出权衡。

我国于 2009 年开启了第三代测序技术的研究，主要的研发机构有中国科学院北京基因组研究所联合中国科学院半导体研究所、深圳华因康基因科技有限公司及无锡艾吉因生物信息技术有限公司。但基本属于起步阶段，主要还是依靠吸收引进，因此还需我们共同努力，加大投入，加强合作，提升创新意识，争取早日有所突破。虽然测序技术的发展带来了些许成就，但我们仍面临许多挑战。相对于整个物种来说，已被测序的物种还只是“冰山一角”，但带来的海量数据对后续生物信息学分析及有用信息的提取都具有一定挑战，因此还需我们继续努力。由于其建立时间较短，目前还未被大规模商业化使用。但相信在不久的将来，第三代测序技术会被不断普及到多个领域，可能成为未来实验室分析及临床诊断的常规检测手段。

三、微生物单细胞测序

以“高通量”为特点的第二代测序(next generation sequencing，NGS)技术和以“单分子测序”为标志的第三代测序(third generation sequencing，TGS)技术，引起组学研究领域的巨大变革。高通量测序仪能够对几十万到几百万条 DNA 分子同时测序，精确读出数以千亿计(每 1 次运行)的碱基，实现了快速、高效、低成本的基因组尺度测序。一般而言，高通量测序需要从大量细胞中获取足够的 DNA 样品，因此测序结果是这些细胞“整体”的一个表征。然而，由于细胞异质性，相同表型的细胞的遗传信息可能存在显著性差异，很多低丰度的信息会在整体表征中丢失。例如，实体瘤样本中提取的总 DNA，50% 以上来源于非癌性成纤维细胞、内皮细胞、淋巴细胞或巨噬细胞，使得癌细胞的信号可能被隐藏。另外，自然界中存在大量的难以培养富集的微生物，例如在人体中，90% 以上的微生物都是不能进行体外培养的。由于细胞数目有限，这些微生物的序列信息则很难通过传统高通量测序获得。为了弥补传统高通量测序的局限性，单细胞测序技术应运而生。单细胞测序技术是一项能够在单个细胞的水平上，对基因组进行高通量测序分析的技术。该技术不仅能够用于分析相同性状细胞的遗传异质性，还能用于获取难以培养微生物的遗传信息。因此，该技术被《自然方法学》杂志评为 2013 年最重要的方法学进展。目前，单细胞测序技术已经初步应用到了海洋微生物多样性以及癌症患者体细胞突变多样性的研究中。我国在单细胞测序领域处于国际领先水平，深圳华大基因率先建立了单细胞外显子组测序技术，应用于骨髓增殖性肿瘤和肾透明细胞癌的研究中，在单个细胞的水平上解析了瘤内细胞遗传异质性，为癌症的发生发展机制及诊断治疗开辟了新方向，并为其他类型肿瘤的研究提供了新思路。

单细胞测序技术的流程主要包括单细胞分离、细胞溶解与基因组 DNA 获取、全基因组扩增、测序与数据分析 4 个方面。

(一) 单细胞分离

要对单个细胞进行研究，首先要将目的细胞从生长环境中分离出来，并确保其生物完整性。目前常用的单细胞分离方法有连续稀释法、显微操作法、激光捕获显微切割术(laser capture microdissection，LCM)、拉曼镊子技术(raman tweezers)、荧光激活细胞分选术(fluorescence activated cell sorting,FACS)、微流控技术(microfluidics)和免疫磁珠分离法(immunomagnetic separation,IMS)等(表 2-10)。连续稀释法操作简单、成本低廉,主要通过连续稀释样品来获取单个细胞。其缺点在于容易出现分离错误或细胞丢失,不能进行靶向分离。因此,该技术很少用于复杂微生物样品的单细胞分离。显微操作法是借助机械显微操纵仪或可视化镊子分离单个细胞。这种方法不仅操作简单、成本低廉,而且能够进行可视化操作,目前已经应用到许多难以培养微生物的单细胞分离中,例如从白蚁肠道中分离共生体,从水稻土壤中分离苍白杆菌(*Ochrobactrum*)等。显微操作法虽然实现了可视化分离,但是人力投入大和通量较低等不足限制了该技术的广泛应用;另外,该技术还会对细胞造成机械性损伤。

表 2-10 几种常用的单细胞分离方法

分离方法	优　点	缺　点
连续稀释法	操作简单、成本低廉	分离错误或细胞丢失;非靶向筛选
显微操作法	操作简单、成本低廉;可视化操作	低通量;机械性细胞损伤
激光捕获显微切割术	保持细胞形态学结构;保留空间位置信息	低通量;细胞核损伤
拉曼镊子技术	高特异性;获得细胞组成、结构等信息	应用范围有限;光诱导性细胞损伤
荧光激活细胞分选术	高通量、高灵敏度;分离较小细胞或颗粒	样品用量大;机械性细胞损伤
微流控技术	高通量;操作灵活;样品需求量小	成本较高
免疫磁珠分离法	简便快速、成本低;靶向筛选	有待考察

激光捕获显微切割术(LCM)能够直接从组织块中分离单个细胞,广泛应用于临床研究中。该技术首先将组织进行切片、装片和染色处理,进而通过可视化操作分离单细胞。其优势在于能够保持细胞的形态学结构,保留细胞在组织中的空间位置信息。但是其劣势在于细胞核容易被刨切而导致染色体片段丢失;另外,该技术由于精确度有限,切割过程中会不可避免地掺入相邻细胞的原生质组分,因此不适用于转录组学分析。拉曼镊子技术结合了拉曼显微光谱学和光学捕获技术,前者能够通过轮廓区分细胞而无须染色,后者利用激光捕获细胞。但这种方法仅限于分析形态学差异较大的细胞群。具体方法优缺点见表 2-10。

荧光激活细胞分选术(FACS)是目前应用最多的单细胞分离方法。该方法不仅具备高通量的优势(1 s达10 000个细胞),而且可以根据细胞的多个特征(如大小和粒度等)进行分离;不仅可以分离体积较大的细胞(如细菌和癌细胞),还可以分离较小的细胞或颗粒(如病毒)。Dispinseri等通过FACS成功地从外周血单核细胞中分离得到了HIV-1病毒。但是这种方法也存在缺点,首先它需要制备大量的细胞悬浮液,这在一定程度上降低了低丰度细胞的获得率;其次细胞的高速流动可能造成机械性损伤。

素有"芯片上的实验室"之称的微流控技术为单细胞研究开辟了新道路。该技术是利用微米级尺度上流体惯性可以忽略这一原理,通过人为控制流体流动来进行细胞分离的。微流控装置具有1个多通道结构,通道直径为10～100 μm,相当于1个单细胞的大小。另外,通道直径可以灵活调节,通道本身也可以进行多种功能性修饰(如捕获分子、抗体、电极等)。通过通道修饰,开发出一种新型微流控芯片,集单细胞分离、溶解、基因组DNA抽提与纯化于一体,快速高效,已应用到了人类单细胞基因组DNA制备中。此外,微流控装置封闭的操作空间可以有效地避免污染;微升至纳升的操作体积可以保证较高的样品浓度,同时减少试剂消耗。

最近出现的免疫磁珠分离法(IMS-MDA),有望实现单细胞测序样品制备一体化。这项技术结合了免疫磁珠分离和多位点置换扩增(MDA),前者用于细胞分离,而后者用于全基因组扩增。IMS装置是在一种特制的磁珠上连接一抗,通过携带特异性标记的二抗,定向筛选细胞。靶细胞被固定在磁珠上后,多位点置换扩增可以直接在磁珠上进行;而携带扩增产物的磁珠又可以直接用于后续测序。该方法操作简单快速,整个分离与扩增过程可在5 h内完成。IMS-MDA虽然快速简便、成本低廉,但是由于目前应用较少,效果有待进一步评估。

(二)细胞溶解与基因组DNA获取

分离得到单细胞后,需要将细胞进行溶解来获取基因组DNA(genome DNA,gDNA)。这一步骤非常关键,gDNA的质量直接影响后续基因组扩增的效果。目前细胞溶解的方法可以分为三大类:物理法(如超声、冷冻、研磨、剪切、高压和热破坏法)、化学法(如SDS、triton X-100和极端pH)和酶降解法(如蛋白酶K和溶菌酶)。细胞溶解方法的选定,需要综合考虑多方面因素,如细胞的类型、下游用途、gDNA纯化难易程度等。

物理法和化学法操作简单、应用范围广。超声破碎法可以裂解大部分的单细胞,而且引起污染的可能性极小。冷冻法相对温和,但需要与其他方法联合使用,如酶裂解法。表面活性剂(SDS、triton X-100)可以溶解细胞膜上的脂质和蛋白质,形成孔洞,进而彻底溶解细胞。极端 pH 法是一种快速简便的方法,但是需要后续的中和操作。虽然物理法和化学法相对简单,但是可能会降解 gDNA 或造成 gDNA 断裂。酶裂解法是最温和的方法,大多数革兰氏阴性菌可以利用溶菌酶进行溶解,部分革兰氏阳性菌则需要加入一些其他酶,如无色肽酶、广谱溶菌酶等。对于一些复杂的群落,通常联合使用多种酶来达到彻底溶解的目的。

在传统高通量测序流程中,细胞溶解获得的 gDNA 需要通过进一步纯化后才能用于扩增。但是对于单细胞测序,为了避免 gDNA 在纯化过程中丢失,目前大部分流程已经省去了这一步骤。在某些基因组中,各位点仅存在 1 个拷贝,纯化过程中的样品丢失会直接导致扩增产物中的位点缺失,严重影响后续的基因组重建。gDNA 纯化步骤的省略,对细胞溶解操作提出了更加苛刻的要求,那些可能与基因组扩增试剂相互作用的溶解试剂都应当避免使用。另外,DNA 结合蛋白通常会阻碍模板扩增,需要事先将其切割或变性;蛋白酶(如蛋白酶 K 和胰蛋白酶)可以高效地溶解 DNA 结合蛋白质,目前广泛用于待扩增模板的预处理中。

在设计单细胞测序工作流程时,应当谨慎选择细胞溶解方法,不仅需要尽可能彻底地溶解细胞,更要与后续 gDNA 获取和全基因组扩增相兼容。

(三)全基因组扩增(WGA,whole genome amplification)

高通量测序至少需要 200 ng 的 DNA 样品,而 1 个细胞中的总 DNA 一般仅有数匹克,即使使用第三代测序技术可能也无法满足样品量的需求,因此 WGA 对于单细胞测序是非常必要的。目前有多种方法可以用于 WGA(图 2-12),这些方法都是利用 DNA 聚合酶和不同形式的引物来进行扩增的,包括特异性的、简并的或杂合的引物。

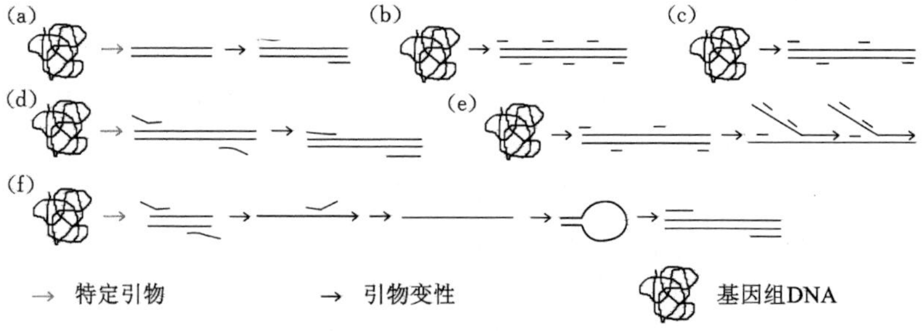

图 2-12 几种常见的全基因组扩增方法

1. 基于 PCR 技术的扩增方法

早期的全基因组扩增是通过 PCR 技术完成的，如：LA-PCR(ligation-anchored PCR)和 IRS-PCR(interspersed repetitive sequence PCR)，前者是在打断的模板两端连接特异性引物序列，随后进行 PCR 扩增；后者是根据基因组中已确定的重复序列设计特异性引物来进行扩增的。另外一些方法则是利用简并引物进行 PCR，无须连接反应和先验的序列信息。引物延伸预扩增 PCR(primer extension pre-amplification PCR，PEP-PCR)利用 1 条 15 碱基的随机引物，与模板退火结合，进而引发聚合反应。简并寡核苷酸引物 PCR(degenerate oligonucleotide primed PCR，DOP-PCR)利用部分碱基简并化的杂合引物与模板退火，进而进行模板扩增。基于 PCR 技术的扩增方法虽然能达到较高的覆盖度，但是存在严重的覆盖度不均匀性和扩增错误。

2. 基于 MDA 的扩增方法

多位点置换扩增(MDA)是目前最常用的全基因组扩增方法。该方法通常利用枯草芽孢杆菌噬菌体 phi29 DNA 聚合酶，和具有核酸外切酶抗性的随机引物来进行扩增，扩增反应能够在 30 ℃ 的恒温条件下进行。phi29 DNA 聚合酶具有很强的链置换活性，能在扩增的同时取代模板的互补链；被取代的单链 DNA 同样可以作为模板指导合成，由此 MDA 可实现指数型扩增。另外，phi29 DNA 聚合酶还具有很强的持续合成能力(超过 10 000 nt)，能够产生大分子的扩增产物。与基于 PCR 技术的扩增方法相比，MDA 的覆盖度均匀性有了明显提升。但是这种方法并不是无偏倚性、无误差的。首先，MDA 的全基因组覆盖度依然不均匀。MDA 初期，引物与模板的结合是随机的，不同区域的结合能力存在差异，进而引起扩增偏倚。经证实，GC 含量、DNA 片段长度都影响引物和模板的结合和扩增；GC 含量越高、片段越短，扩增效率则越低。一些偏倚容错算法可能降低覆盖度的不均匀性，但是需要以较高的测序深度作为前提。另外，Blainey 等和 Marcy 等尝试将同一物种不同个体的单细胞全基因组进行混合 MDA。这种方法虽然获得了比较均匀的覆盖度，但却忽略了细胞异质性，为后续数据分析带来了困难。还有一种方法是通过缩小反应体积来提高模板浓度，减弱指数型扩增，从而降低偏倚性。Marcy 等通过缩小微流控装置的工作体积，降低了扩增的不均匀性。同样地，微孔 MDA(MIMDA) 实质上也是通过缩小反应体积来降低扩增偏倚性的。其次，MDA 容易产生嵌合序列，这是 MDA 与基于 PCR 的扩增方法的共同缺陷。嵌合序列的形成会引起基因组重排，进而影响后续拼接和基因组重建。MDA 反应的单链中间体被认为是形成嵌合序列的元凶，经证实用 S1-核酸酶处理扩增产物可以减少 80%的嵌合序列；然而在较小的插入克隆文库中并没有观察到这一现象。因此在测序深度允许的条件下，通过计算分析的方法识别和去除嵌合序列是最可靠的。再次，MDA 容易引起非特异性扩增，这主要是由污染 DNA 导致的。污染 DNA 主要来源于样品本身、实验室环境或扩增试剂。去除污染 DNA 最简单而有效的方法是紫外照射法，其适用于扩增工具、操作平台、扩增试剂和聚合酶中污染 DNA 的灭活。Rodrigue 等利用"两步分离法"来减少 DNA 污染，首先在原始样品中人为地引入污染，经过"两轮"FACS 细胞分离后，发现扩增产物中并无污染 DNA 存在。另外，经证实用双重亲和标签纯化 Phi29 DNA 聚合酶，可以有效地减少酶中的污染 DNA。

（四）MDA 与 PCR 相结合的方法

鉴于 MDA 基因组覆盖度的不均匀性，新开发的基因组 DNA 扩增方法，MALBAC(multiple annealing and looping-based amplification cycles)，即多次退火环状循环扩增技术巧妙地将 MDA 与常规 PCR 结合起来，该方法是利用部分碱基简并化的杂交引物与模板退火结合，在链置换酶的作用下进行扩增的。扩增中间产物的 3′端带有特异性引物标记，经过一轮扩增后，互补的标记位于 5′端，两端的标记序列互补形成一个扩增子环；成环后的序列则不能被复制，从而避免了 MDA 的指数型扩增。环化的扩增子进一步通过常规 PCR 进行扩增，产生数微克的 DNA 样品。与 MDA 相比，MALBAC 的优势在于，扩增偏倚性明显降低，进而使得覆盖度显著提高。MDA 在 25x 测序深度下的覆盖度为 73%，而 MALBAC 在相同测序深度下的覆盖度可达 93%。另外，MALBAC 在 SNPs 等位基因检测水平上也有了明显提升，MDA 检出率为 10%，而 MALBAC 的检出率可达 70%。MALBAC 目前主要应用于癌症研究和染色体重组研究中。Zong 等利用 MALBAC 技术进行癌细胞单核苷酸多态性研究，借助高通量测序，直接测定出了 1 株癌细胞系的全基因组突变率，并发现在新获得的单核苷酸变异位点上，嘌呤-嘧啶转换异常频繁。Lu 等利用 MALBAC 技术对 1 名亚裔男性的 99 个精子进行了单细胞全基因组测序，构建了高精度的重组定位个人遗传图谱，揭示了减数分裂期间同源染色体之间的片段交叉重组分布规律。虽然 MALBAC 目前应用尚少，但其在降低扩增偏倚性、提高测序覆盖度等方面具有显著进步，应用前景十分广阔。

在进行全基因组测序之前有必要对扩增产物的质量进行评估，常用的方法是对一些标记基因进行常规 PCR 扩增后，用 Sanger（桑格法）法测序验证。

（五）基因组测序及数据分析

成熟的第二代测序平台和快速发展的第三代测序技术已经为单细胞测序奠定了坚实的基础，因此测序费用、速度、数据量和准确率，不再是制约其发展的因素。事实上，真正制约单细胞基因组测序发展的，不是文库的读取技术，而是扩增产物的质量；扩增产物分子量越大、覆盖度越均匀，可选的建库方案和测序平台就越多。

单细胞数据分析的基本流程与传统序列分析相似，数据分析前首先要移除接头序列（adapter）、连接序列（linker）、标签序列（barcodes）、低质量碱基和污染 DNA。然而传统的序列拼接方法已经不再适用于单细胞测序技术；传统拼接方法建立在一定的假设之上，如嵌合序列比例较少，读取深度随基因组呈“泊松分布”等。显然，单细胞数据中高比例的嵌合序列和不均匀的覆盖度，已经不再符合这一假说。目前研究人员通过一些策略对单细胞数据进行预处理，来满足传统拼接方法的假设。一种策略是通过实验方法或计算机算法将核酸文库进行标准化来降低扩增偏倚性。实验方法主要是基于序列重退火的动力学特征，利用一种双链特异性核酸酶，降解高丰度的双链 DNA 序列，进而实现文库标准化；文库标准化的水平可以借助 qPCR 技术进行评估。该方法简单易行，对实验设备无特殊要求，但却增加了文库构建的费用。通过计算机算法进行标准化则省去了这部分开支；该方法随机选择一定数目（25 000 或 500 000）的 reads 序列，利用 GS Assembler 软件拼接成 contig，再用 contig 长度除以 reads 的数目，如果比值小于 1 bp/read，则认为该 contig 覆盖度较高，可能存在扩增偏倚性，通过移除定位于其上的部分 reads 序列，实现文库标准化。扩增后的文库标准化提高了单细胞测序的效率，降低了拼接难度。另外一种策略是将亲缘关系很近的单细胞测序数据混合起来进行分析，从偏倚性的角度来看，一个细胞中高覆盖度的区域可能与另一个细胞中低覆盖度的区域相重叠，混合分析可以显著地提高样品的平均覆盖度。Marshall 和 Pamp 等发现，将 4 个以上亲缘关系较近的单细胞数据混合拼接（去除嵌合序列）后，传统拼接软件的分析性能会明显提高，产生较长的 contigs。另外，还可以将宏基因组数据补充到单细胞数据中，这种组合不仅有利于序列拼接，还有利于建立单细胞基因组和种群基因组之间的关联。Embree 等用单细胞数据和宏基因组数据相结合的方法，获得了一株无法培养的生物能源相关细菌

OP9 的全基因组序列，对其进行了生物学分类，建立了该菌与 1 个产纤维素嗜热菌群的进化关联。

多种生物信息学分析软件也陆续被开发出来，应对单细胞数据分析的挑战。Smash Cell 是用 Python 编写、在 shell 环境下运行的半自动化程序，能够集数据前处理、污染 DNA 检测与剔除、拼接、注释、分析于一体。对于污染 DNA 检测，Smash Cell 主要通过序列相似性和基于 k-mers 的工具确定可能的污染序列；当污染序列与基因组序列相关性较小时，k-mers 检测尤为精确。为了解决覆盖度不均匀的问题，Smash Cell 包含 1 个脚本程序，能够降低高丰度区域的采样率。同时，Smash Cell 整个工作流程都可实现可视化操作。Velvet-SC 是传统 Velvet 软件的 1 个修正版，专门针对单细胞数据拼接而设计。考虑到单细胞测序数据覆盖度的高度不均匀性，单一覆盖度阈值可能会滤掉低覆盖度区域的序列信息，因此它引入了可变覆盖度阈值的概念。利用迭代阈值的拼接方法，从“1”开始逐步递增，在各个阈值下分别拼接并重新计算覆盖度，减少低覆盖度区域数据的丢失。EULER＋Velvet-SC 是其与 EULER 软件的合并使用，可以进一步提高拼接过程中的纠错功能。SPAdes 在 Velvet-SC 的基础上进一步升级，引入 k-bimers（k-mers pairs）的概念，利用配对的 reads 有效地避免由嵌合序列引起的拼接错误。这些程序都能在一定程度上克服单细胞数据覆盖度不均匀的问题，高效地完成序列拼接与测序数据分析。

四、生物信息学分析

（一）数据质控

1. 原始样本统计

根据 index 序列区分各个样本的数据，提取出的数据以 fastq 格式保存，MP 或 PE 数据每个样本有 fq1 和 fq2 两个文件，里面为测序两端的 reads，序列按顺序一一对应。

Fastq 是 Solexa 测序技术中一种反映测序序列碱基质量的文件格式。每条 read 包含 4 行信息，其中第一行和第三行由文件识别标志和读段名（ID）组成（第一行以“@”开头，第三行以“＋”开头；第三行中 ID 可以省略，但“＋”不能省略），第二行为碱基序列，而第四行是第二行中的序列内容每个碱基所对应的测序质量值。为方便保存和共享各实验室产生的高通量测序数据，NCBI 数据中心建立了大容量的数据库 SRA（Sequence Read Archive）来存放共享的原始测序数据。

2. 有效数据统计

MiSeq 测序得到的是双端序列数据，首先根据 PE reads 之间的重叠片段关系，将成对的 reads 拼接(merge)成一条序列，同时对 reads 的质量和拼接的效果进行质控过滤，根据序列首尾两端的 barcode 和引物序列区分样品得到有效序列，并校正序列方向，即为优化数据。

3. 数据去杂方法和参数

(1) 过滤 reads 尾部质量值 20 以下的碱基，设置 50 bp 的窗口，如果窗口内的平均质量值低于 20，从窗口开始截去后端碱基，过滤质控后 50 bp 以下的 reads，去除含 N 碱基的 reads；

(2) 根据 PE reads 之间的 overlap 关系，将成对 reads 拼接(merge)成一条序列，最小 overlap 长度为 10 bp；

(3) 拼接序列的 overlap 区允许的最大错配比率为 0.2，筛选不符合序列；

(4) 根据序列首尾两端的 barcode 和引物区分样品，并调整序列方向，barcode 允许的错配数为 0，最大引物错配数为 2。

使用软件：FLASH、Trimmomatic。

(二) 物种注释与评估

1. OTU 分析

OTU(operational taxonomic units)是在系统发生学或群体遗传学研究中，为了便于进行分析，人为给某一个分类单元(品系、属、种、分组等)设置的统一标志。要了解一个样本测序结果中的菌种、菌属等数目信息，就需要对序列进行聚类(cluster)。通过聚类操作，将序列按照彼此的相似性分归为许多小组，一个小组就是一个 OTU。可根据不同的相似度水平，对所有序列进行 OTU 划分，通常在 97%的相似水平下的 OTU 进行生物信息统计分析。

软件平台：Usearch(vsesion 7.0)。

OTU 聚类步骤如下：

(1) 对优化序列提取非重复序列，便于降低分析中间过程冗余计算量；

(2) 去除没有重复的单序列；

(3) 按照 97%相似性对非重复序列(不含单序列)进行 OTU 聚类，在聚类过程中去除嵌合体，得到 OTU 的代表序列；

(4) 将所有优化序列 map 至 OTU 代表序列，选出与代表序列相似性在

97%以上的序列,生成 OTU 表格。

2. 分类学分析

为了得到每个 OTU 对应的物种分类信息,采用 RDP classifier 贝叶斯算法对 97%相似水平的 OTU 代表序列进行分类学分析,并分别在各个分类水平如 domain(域)、kingdom(界)、phylum(门)、class(纲)、order(目)、family(科)、genus(属)、species(种)统计各样本的群落组成。比对数据库如下:

16S 细菌和古菌核糖体数据库(没有指定的情况下默认使用 silva 数据库):

Silva(Release128);

RDP(Release 11.1);

Greengene(Release 13.5);

18S 真菌:Silva(Release128);

ITS 真菌:Unite(Release 6.0)的真菌数据库;

功能基因:FGR,RDP 来源于 GeneBank 的(Release 7.3)功能基因数据库。

软件及算法: Qiime 平台,RDP Classifier(version 2.2),置信度阈值为 0.7。

3. rank-abundance 曲线

rank-abundance 曲线是分析多样性的一种方式。构建方法是统计单一样本中每一个 OTU 所含的序列数,将 OTUs 按丰度(所含有的序列条数)由大到小等级排序,再以 OTU 等级为横坐标,以每个 OTU 中所含的序列数(也可用 OTU 中序列数的相对百分含量)为纵坐标作图。

rank-abundance 曲线可用来解释多样性的两个方面,即物种丰度和物种均匀度。在水平方向,物种的丰度由曲线的宽度来反映,物种的丰度越高,曲线在横轴上的范围越大;曲线的形状(平滑程度)反映了样本中物种的均度,曲线越平缓,物种分布越均匀。

软件:利用 R 语言工具制作曲线图。

4. pan/core 物种分析

pan/core 物种分析用于描述随着样本量增加物种总量和核心物种量变化的情况,在生物多样性和群落研究中,被广泛用于判断样本量是否充足以及评估环境中总物种丰富度(species richness)和核心物种数。pan/core 物种分析可以在各分类学水平上进行,包括 domain(域)、kingdom(界)、phylum(门)、class(纲)、order(目)、family(科)、genus(属)、species(种)、OTU 等。

pan 物种,即泛物种,是所有样本包含的物种总和,用于观测随着样本数目增加总物种数目的增加情况。

core 物种,即核心物种,是所有样本共有物种数目,用于观测随着样本数目增加共有物种数目的减少情况。

5. alpha 多样性分析

多样性指数:研究环境中微生物的多样性,可以通过单样本的多样性(alpha 多样性)分析反映微生物群落的丰度和多样性,包括一系列统计学分析指数估计环境群落的物种丰度和多样性。

反映群落丰富度(community richness)的指数有 sobs、chao、ace、jack、bootstrap;

反映群落均匀度(community evenness)的指数有 simpsoneven、shannoneven、heip、smithwilson;

反映群落多样性(community diversity)的指数有 shannon、simpson、npshannon、bergerparker、invsimpson、coverage、qstat;

各指数具体说明见表 2-11。

表 2-11　指数说明

指　　数	指数类型	描　　述
community richness (群落丰富度)	sobs	丰富度实际观测值
	chao	物种丰富度 Chao 1 指数
	ace	物种丰富度 ACE 指数
	jack	物种丰富度 Jackknife 指数
	bootstrap	物种丰富度 bootstrap 指数
community evenness (群落均匀度)	simpsoneven	Simpson 均匀度测量指数
	shannoneven	Shannon 均匀度测量指数
	heip	Heip 群落均匀度指数
	smithwilson	Smith and Wilson's 群落均匀度指数

表 2-11(续)

指数	指数类型	描述
community diversity (群落多样性)	bergerparker	Berger-Parker 优势物种多样性指数
	shannon	Shannon 多样性指数
	npshannon	无参经典 Shannon 多样性指数
	simpson	Simpson 多样性指数
	invsimpson	经典 Simpson 多样性指数的倒数
	coverage	Good's 物种覆盖度
	qstat	物种多样性 Q 统计值
estimates of number of additional OTUs observed with extra sampling (用额外取样观测到的额外 OTU 数量的估计)	boneh	用 Boneh 指数预测在取样水平(取样数)增加时可能增加的 OTU 数目
	efron	用 Efron 指数预测在取样水平(取样数)增加时可能增加的 OTU 数目
	shen	用 Shen 指数预测在取样水平(取样数)增加时可能增加的 OTU 数目
	efron	用 Efron 指数预测在取样水平(取样数)增加时可能增加的 OTU 数目
	solow	用 Solow 指数预测在取样水平(取样数)增加时可能增加的 OTU 数目
statistical distributions (统计分布)	logseries	采用 Kolmogorov-Smirnov test 统计方法,检测观测到的 rank-abundance 数据是否符合对数分布,临界值 α=0.01 或 0.05
	geometric	采用 Kolmogorov-Smirnov test 统计方法,检测观测到的 rank-abundance 数据是否符合几何分布,临界值 α=0.01 或 0.05
	bstick	采用 Kolmogorov-Smirnov test 统计方法,检测观测到的 rank-abundance 数据是否符合分割线段分布,临界值 α=0.01或 0.05

微生物 alpha 多样性常用指数算法如下。

chao:是用 chao1 算法估计样本中所含 OTU 数目的指数,chao1 在生态学中常用来估计物种总数,由 Chao(1984) 最早提出。

本次分析使用计算公式如下:

$$S_{\text{chao1}}=S_{\text{obs}}+\frac{n_1(n_1-1)}{2(n_2+1)}$$

式中　S_{chao1}——估计的 OTU 数；

S_{obs}——实际观测到的 OTU 数；

n_1——只含有一条序列的 OTU 数目(如"singletons")；

n_2——只含有两条序列的 OTU 数目(如"doubletons")。

ace:用来估计群落中 OTU 数目的指数，由 chao 提出，是生态学中估计物种总数的常用指数之一，与 chao 1 的算法不同。

本次分析使用计算公式如下：

$$S_{\text{ACE}}=\begin{cases}S_{\text{abund}}+\dfrac{S_{\text{rare}}}{C_{\text{ACE}}}+\dfrac{n_1}{C_{\text{ACE}}}\hat{\gamma}^2_{\text{ACE}}, & \hat{\gamma}^2_{\text{ACE}}<0.08\\ S_{\text{abund}}+\dfrac{S_{\text{rare}}}{C_{\text{ACE}}}+\dfrac{n_1}{C_{\text{ACE}}}\tilde{\gamma}^2_{\text{ACE}}, & \tilde{\gamma}^2_{\text{ACE}}\geqslant 0.08\end{cases}$$

其中

$$N_{\text{rare}}=\sum_{i=1}^{\text{abund}}\text{in}_i,\ C_{\text{ACE}}=1-\frac{n_1}{N_{\text{rare}}}$$

$$\hat{\gamma}^2_{\text{ACE}}=\max\left[\frac{S_{\text{rare}}}{C_{\text{ACE}}}\frac{\sum_{i=1}^{\text{abund}}i(i-1)n_i}{N_{\text{rare}}(N_{\text{rare}}-1)}-1,0\right]$$

$$\tilde{\gamma}^2_{\text{ACE}}=\max\left[\hat{\gamma}^2_{\text{ACE}}\left\{1+\frac{N_{\text{rare}}(1-C_{\text{ACE}})\sum_{i=1}^{\text{abund}}i(i-1)n_i}{N_{\text{rare}}(N_{\text{rare}}-C_{\text{ACE}})}\right\}-1,0\right]$$

式中　n_1——含有 i 条序列的 OTU 数目；

S_{rare}——含有"abund"条序列或者少于"abund"的 OTU 数目；

S_{abund}——多于"abund"条序列的 OTU 数目；

abund——"优势"OTU 的阈值，默认为 10。

simpson:用来估算样本中微生物多样性的指数之一，由 Edward Hugh Simpson(1949) 提出，在生态学中常用来定量描述一个区域的生物多样性。Simpson 指数值越大，说明群落多样性越低。

$$D_{\text{simpson}}=\frac{\sum_{i=1}^{S_{\text{obs}}}n_i(n_i-1)}{N(N-1)}$$

式中　S_{obs}——实际观测到的 OTU 数目；

n_i——第 i 个 OTU 所含的序列数；

N——所有的序列数。

shannon:用来估算样本中微生物多样性的指数之一。它与 simpson 多样性指数常用于反映 alpha 多样性指数。shannon 值越大,说明群落多样性越高。

$$H_{\text{shannon}} = -\sum_{i=1}^{S_{\text{obs}}} \frac{n_i}{N} \ln \frac{n_i}{N}$$

式中 S_{obs}——实际测量出的 OTU 数目;

n_i——第 i 个 OTU 所含的序列数;

N——所有的序列数。

coverage:是指各样本文库的覆盖率,其数值越高,则样本中序列被测出的概率越高,而没有被测出的概率越低。该指数反映本次测序结果是否代表了样本中微生物的真实情况。

$$C = 1 - \frac{n_1}{N}$$

式中 n_1——只含有一条序列的 OTU 数目;

N——抽样中出现的总序列数目。

分析软件:mothur(version v. 1. 30. 1)指数分析,用于指数评估的 OTU 相似水平 97%(0. 97)。

6. 组间 T 检验

通过多样性指数分析可以得到群落中物种的丰度、覆盖度和多样性等信息。T 检验,亦称 student t 检验(student's t test),是用 t 分布理论来推论差异发生的概率,从而比较两个平均数的差异是否显著,主要用于样本含量较小(例如 $n<30$)、总体标准差 σ 未知的正态分布数据。该分析可用于评估不同分组间多样性指数是否有显著性差异。

7. 稀释性曲线

稀释曲线(rarefaction curve)主要利用各样本的测序量在不同测序深度时的微生物多样性指数构建曲线,以此反映各样本在不同测序数量时的微生物多样性。它可以用来比较测序数据量不同的样本中物种的丰富度、均一性或多样性,也可以用来说明样本的测序数据量是否合理。稀释曲线采用对序列进行随机抽样的方法,以抽到的序列数与它们对应的物种(如 OTU)数目或多样性指数,构建 rarefaction curve。若多样性指数为 sobs(表征实际观测到的物种数目),当曲线趋向平坦时,说明测序数据量合理,更多的数据量只会产生少量新的物种(如 OTU),反之则表明继续测序还可能产生较多新的物种(如 OTU)。若是其他多样性指数(如 Shannon-Wiener 曲线),曲线趋向平坦时,说明测序数据量足够大,可以反映样本中绝大多数的微生物多样性信息。

软件:选择97%相似度的OTU或其他分类学水平,利用mothur计算不同随机抽样下的多样性指数,利用R语言工具制作曲线图。

（三）物种组成分析

1. Venn图(韦恩图)分析

Venn图可用于统计多组或多个样本中所共有和独有的物种(如OTU)数目,可以比较直观地表现环境样本的物种(如OTU)数目组成相似性及重叠情况。通常情况下,分析时选用相似水平为97%的OTU或其他分类学水平的样本表。

软件:R语言工具统计和作图。

2. 群落柱形图

根据分类学分析结果,可以得知不同分组(或样本)在各分类水平(如域、界、门、纲、目、科、属、种、OTU等)上的群落结构组成情况。根据群落Bar图,可以直观呈现两方面信息:① 各样本在某一分类学水平上含有何种微生物;② 样本中各微生物的相对丰度(所占比重)。

软件:基于tax_summary_a文件夹中的数据表,利用R语言工具作图。

3. 群落饼图

在不同分类学水平上统计各样本的物种丰度,通过群落饼(Pie)图可视化呈现不同分组(或样本)的物种群落组成。

软件:基于tax_summary_a文件夹中的数据表,利用R语言工具作图。

4. 多级物种sunburst图

多级物种饼图通过多个同心圆由内向外直观地展现出不同分组(或样本)在域、界、门、纲、目、科、属、种、OTU等分类学水平的物种比例和分布。

5. 群落heatmap图(热图)

heatmap图是以颜色梯度来表征二维矩阵或表格中的数据大小,并呈现群落物种组成信息。通常根据物种或样本间丰度的相似性进行聚类,并将结果呈现在群落heatmap图上,可使高丰度和低丰度的物种分块聚集,通过颜色变化与相似程度来反映不同分组(或样本)在各分类水平上群落组成的相似性和差异性。

软件及算法:R语言vegan包。

6. circos样本与物种关系图

circos样本与物种关系图是一种描述样本与物种之间对应关系的可视

化圈图，该图不仅反映了每个（或组）样本的优势物种组成比例，同时也反映了各优势物种在不同样本（分组）的分布比例。

软件：Circos-0.67-7。

（四）样本比较分析

1. Beta 多样性分析

（1）样本层级聚类

为研究不同样本的相似性和差异关系，可对样本距离矩阵进行聚类分析，构建样本层级聚类树。非加权组平均法（unweighted pair-group method with arithmetic mean，UPGMA）是一种常用于解决分类问题的聚类分析方法，当用于重建系统发生树时，其假定前提条件是：在进化过程中，所有核苷酸或氨基酸均有相同的变异速率。根据 beta 多样性距离矩阵进行层级聚类（hierarchical clustering）分析，使用 UPGMA 算法构建树状结构，可视化呈现不同环境样本中微生物进化的差异程度。

软件：利用 Qiime 计算 beta 多样性距离矩阵，然后用 R 语言作图画树。

（2）样本距离 heatmap 图

样本间物种的丰度分布差异程度可通过统计学中的距离进行量化分析，使用统计算法计算两两样本间距离，获得距离矩阵，可用于后续进一步的 beta 多样性分析和可视化统计分析。

样本距离分析提供多种计算方法，常见距离算法有 Bray-Curtis、Jaccard、Unifrac 等。Bray-Curtis 与 Jaccard 距离算法主要基于独立的物种分类单元（如 OTU、属等）进行计算，不考虑各物种之间的进化关系或关联信息。Jaccard 算法采用非加权的计算方法，主要考虑物种的有无，而 Bray-Curtis 算法采用加权的计算方法，同时考虑物种有无和物种丰度。

算法名称中含有“Unifrac”的算法需要各个物种分类单元（如 OTU、属等）的系统进化树（程序会自动搜索项目中存在的完整进化树），通过计算进化树各物种的系统发育进化关系，从而计算样本间距离，其中 unweighted Unifrac 距离算法没有计入不同环境样本的序列相对丰度，而 weighted Unifrac 算法在计算树枝长度时将序列的丰度信息进行加权计算，因此 unweighted Unifrac 可以检测样本间变化的存在，而加权 Unifrac 可以更进一步定量地检测样本间不同谱系上发生的变异。

此外，算法名称前带有“binary”的算法为先将 OTU 表中的数值转换为二进制布尔类型，再进行计算。例如“binary_euclidean”算法，先将 OTU 表中的数值为零的不变，大于零的变为 1，再进行“euclidean”距离分析。

距离算法示例如下：

① Bray-Curtis 距离矩阵的算法为

$$D_{\text{Bray-Curtis}} = 1 - 2\frac{\sum \min(S_{A,i} + S_{B,i})}{\sum S_{A,i} + \sum S_{B,i}}$$

式中，$S_{A,i}$表示 A 样本中第 i 个 taxon 所含的序列数；$S_{B,i}$表示 B 样本中第 i 个 taxon 所含的序列数。

② Euclidean 距离矩阵的算法为

$$D_{12} = \text{sqrt}[\sum (x_{i1} - x_{i2}]^2) \quad i = 1,2,3,\cdots$$

式中，x_{i1}代表样本 1 的第 i 个 OTU 数量；x_{i2}代表样本 2 的第 i 个 OTU 数量；sqrt 代表开方。

软件：R 语言作图，使用 FastTree(version 2.1.3)根据最大似然法构建进化树，然后利用 FastUniFrac 分析得到样本间距离矩阵。

(3) PCA 分析

PCA 分析(principal component analysis)，即主成分分析，是一种对数据进行简化分析的技术，这种方法可以有效地找出数据中最“主要”的元素和结构，去除噪音和冗余，将原有的复杂数据降维，揭示隐藏在复杂数据背后的简单结构。其优点是简单且无参数限制。通过分析不同样本群落组成可以反映样本间的差异和距离。PCA 运用方差分解，将多组数据的差异反映在二维坐标图上，坐标轴取能够最大反映样品间差异的两个特征值。如样本物种组成越相似，反映在 PCA 图中的距离越近。

软件：R 语言 PCA 统计分析和作图。

基于 PCA 分析结果，将不同分组样本在第一主成分轴上做箱线图，直观呈现不同分组样本在第一主成分轴上的差异离散情况。不同分组样本的中位值较近，表明物种组成较相近。

(4) PCoA 分析

PCoA 分析，即主坐标分析(principal co-ordinates analysis)，也是一种非约束性的数据降维分析方法，可用来研究样本群落组成的相似性或差异性，与 PCA 分析类似；主要区别在于，PCA 利用物种(包括 OTU)丰度表，基于欧氏距离直接作图，而 PCoA 是基于所选距离矩阵进行作图，二者都是通过降维找出影响样本群落组成差异的潜在主成分。

PCoA 分析，首先对一系列特征值和特征向量进行排序，然后选择排在前几位的最主要特征值，并将其表现在坐标系里，结果相当于是距离矩阵的一个旋转，它没有改变样本点之间的相互位置关系，只是改变了坐标系统。

软件：R 语言 PCoA 统计分析和作图。

(5) NMDS 分析

非度量多维尺度分析（NMDS 分析）是一种将多维空间的研究对象（样本或变量）简化到低维空间进行定位、分析和归类，同时又保留对象间原始关系的数据分析方法。该法适用于无法获得研究对象间精确的相似性或相异性数据，仅能得到它们之间等级关系数据的情形。其基本特征是将对象间的相似性或相异性数据看成点间距离的单调函数，在保持原始数据次序关系的基础上，用新的相同次序的数据列替换原始数据进行度量型多维尺度分析。换句话说，当资料不适合直接进行变量型多维尺度分析时，对其进行变量变换，再采用变量型多维尺度分析，对原始资料而言，就称之为非度量型多维尺度分析。其特点是根据样本中包含的物种信息，以点的形式反映在多维空间上，而对不同样本间的差异程度，则是通过点与点间的距离体现的，最终获得样本的空间定位点图。

软件：利用 Qiime 计算 beta 多样性距离矩阵，利用 R 语言 vegan 软件包进行 NMDS 分析和作图。

2. 样本分组分析

(1) 相似性分析

相似性分析是一种非参数检验，用来检验组间（两组或多组）差异是否显著大于组内差异，从而判断分组是否有意义。首先利用 Bray-Curtis 算法计算两两样品间的距离，然后将所有距离从小到大进行排序，按以下公式计算 R 值，之后将样品进行置换，重新计算 R^* 值，R^* 值大于 R 值的概率即为 P 值。

$$R=\frac{\bar{r}_b-\bar{r}_w}{\frac{1}{4}[n(n-1)]}$$

式中 $\bar{r}_b$——组间（between groups）距离排名的平均值；

$\bar{r}_w$——组内（within groups）距离排名的平均值；

n——样品总数。

软件：R 语言 vegan 软件包或 Qiime 软件。

(2) Adonis 多因素方差分析

Adonis 多因素方差分析又称置换多因素方差分析（permutational MANOVA）或非参数多因素方差分析（nonparametric MANOVA）。它利用半度量（如 Bray-Curtis）或度量距离矩阵（如 euclidean）对总方差进行分解，分析不同分组因素对样品差异的解释度，并使用置换检验对划分的统计学意义进行显著性分析。

软件：R 语言 vegan 包或 Qiime 软件。

（3）PLS-DA 分析

偏最小二乘法判别分析（partial least squares discriminant analysis，PLS-DA）是多变量数据分析技术中的判别分析法，经常用来处理分类和判别问题。通过对主成分适当地旋转，PLS-DA 可以有效地对组间观察值进行区分，并且能够找到导致组间区别的影响变量。

PLS-DA 采用了经典的偏最小二乘回归模型，其响应变量是一组反应统计单元间类别关系的分类信息，是一种有监督的判别分析方法。因无监督的分析方法（PCA）对所有样本不加以区分，即每个样本对模型有着同样的贡献，因此，当样本的组间差异较大，而组内差异较小时，无监督分析方法可以明显区分组间差异；而当样本的组间差异不明晰，而组内差异较大时，无监督分析方法难以发现和区分组间差异。另外，如果组间的差异较小，各组的样本量相差较大，样本量大的那组将会主导模型。有监督的分析（PLS-DA）能够很好地解决无监督分析中遇到的这些问题。

与 PCA 分析的原理相同，PLS 利用偏最小二乘法对数据结构进行投影分析。但 PLS 与 PCA 数据有本质的不同，PCA 分析方法中只有一个数据集 X，所有分析都只是基于这个唯一的数据集，对应于一个多维空间。而 PLS 分析是建立在两个数据集 X 和 Y 基础上的，因此也就对应地存在两个多维空间，在利用投影方法计算 PLS 第一个主成分后，分别得到 X 和 Y 空间的两条轴线以及各个样本点在 X 和 Y 空间周上的得分 t_1、u_1。对 X 和 Y 数据的关联分析就是将所有样本在 X 和 Y 空间第一个主成分轴上的得分 t_1、u_1 分别作相关分析，可以表示为 $u_{i1}=t_{i1}+r_{i1}$，i 表示不同样本，r_{i1} 表示残差。对应地，经过第二个主成分计算可以得到 t_2、u_2，有关系式 $u_{i2}=t_{i2}+r_{i2}$。

如果用 t_1、t_2 作图，可表示数据集 X 的 PCA 得分图，而如果用 t_1、u_1 作图就表示第一个主成分下数据集 X 与数据集 Y 的相关性。与 PCA 的载荷图（变量分布散点图）相类似，PLS 可以用权重方式对 X、Y 数据集中的变量进行相关联，找出变量之间的关系。

PLS-DA 只需要一个数据集 X，但在分析时必须对样本进行指定分组，这样分组后模型自动加上另外一个隐含的数据集 Y，该数据集变量数等于组别数，赋值时把指定的那一组规定为 1，其他所有值均为 0。其他计算方法与上述 PLS 方法相同。这种模型计算的方法强行把各组分门别类，有利于发现组间的异同点。

软件：R 语言 mixOmics 软件包中 PLS-DA 分析和作图。

（五）物种差异分析

1．组间显著性差异检验

组间显著性差异检验根据得到的群落丰度数据，运用严格的统计学方法，对不同组（或样本）微生物群落之间的物种进行假设检验，评估物种丰度差异的显著性水平，获得组（或样本）间显著性差异物种。该分析可选择门、纲、目、科、属、种、OTU 等不同分类水平。组间差异显著性检验主要方法见表 2-12。

表 2-12 组间差异显著性检验主要方法

检验类型	检验方法
多组检验	克氏秩和检验(Kruskal-Wallis H test)
	单因素方差分析(one-way ANOVA)
两组检验	student T 检验(student's t test(equal variance))
	Welch T 检验(Welch's t test(unknow variance))
	Wilcox 秩和检验(Wilcox on rank-sum test or Mann-Whitney U test)
两样本检验	卡方检验(Chi-aquare test)
	费舍尔检验(Fisher exact test)

(1) 多组物种差异分析

① One-way ANOVA，又称单因素方差分析，可用于检验多组样本的均值是否相同。通过此分析可以比较物种在 3 组或 3 组以上样本组中的分布是否存在显著性差异，然后对有差异的物种进行 post-hoc 检验，找出多组中存在差异的样本组。

在试验中所考虑的因素只有一个时，称为单因素实验。单因素方差分析是最简单的一种，它适用于只研究一个试验因素的情况，目的在于正确判断该试验因素各处理的相对效果（各水平的优劣）。

② Kruskal-Wallis H test，简称克氏秩和检验，它是一种将两个独立样本的 Wilcox 秩和检验推广到多组（大于等于 3）独立样本非参数检验的方法。该分析可以对多组样本的物种进行显著性差异分析。

③ 多重检验校正，即对 P 值进行多重检验的校正方法，包括："holm"

"hochberg""hommel""Bonferroni""BH""BY""FDR""none"。"none"即不校正,默认为"FDR"。

a. Bonferroni

通常把"至少有 1 个错误"的概率称为 FWER(family-wise error rate)。

$$\mathrm{FWER}=1-(1-\alpha)m$$

假设我们做 m 个相互独立的检验,目标是:

$$\mathrm{FWER}=1-(1-\alpha)m=0.05$$

由于当 α 很小时,存在近似关系 $(1-\alpha)m\approx1-ma$,因此

$$1-(1-\alpha)m=ma=0.05$$

即 $\alpha=0.05/m$。

也就是说,每一个检验的显著水平不再是 0.05 了,而应该是 $0.05/m$。对于每一个检验的 P 值,有:

$P<\alpha=0.05/m$,才能拒绝 H0;

这样就校正了显著水平,当然也可以让 α 保持不变,去校正 P 值:

$P\cdot m<\alpha=0.05$,才能拒绝 H0;

也就是说,每一个检验做出来的 P 值,都要乘以 m,叫作校正后的 P 值,然后去和 0.05 进行比较。

b. FDR

一共有 m 个检验,其中最终选择接受原假设的有 W 个,拒绝的有 R 个,在拒绝的 R 个中,有 V 个是错误拒绝的,有 S 个是正确拒绝的。FDR(false-ly discovery rate)的定义为:

$$\mathrm{FDR}=E(V/R)$$

FDR 也就是错误拒绝的检验个数占所有拒绝的检验个数的比例。它只关注所有拒绝掉的检验中错误拒绝的比例,FDR 的目的就是要将这个比例降低到 α。

原理:首先,对 m 个 P 值按从小到大的顺序进行排序,从 $P(1)$ 开始,到 $P(2)$,$P(3)$,…,挨个进行比较,直到找到最大的 $P(i)$ 满足要求。

找到之后,拒绝之前所有的原假设 H(i),$i=1,2,3,\cdots,n$。

至此,完成 FDR 的校正。或者,保持 α 不变,将 P 值校正为 $mP(i)/i$,这个值又称为 Q 值:

$$Q\text{-value}(i)=m\times P(i)/i<\alpha$$

④ Post-hoc 检验,是指在进行多组的分析方法之后的进一步检验,对多组的组别再进行两两比较,检测多组中存在差异的样本组。Post-hoc 检验的

方法包括“Scheffe”“Welch uncorrected”“Tukeyramer”“Gameshowell”，两两比较的显著性水平分别为：0.90，0.95，0.98，0.99，0.999。

a. Scheffe

各个水平试验次数不尽相同时可用 Scheffe 法，简称 S 法。

Scheffe(最常用，不需要样本数目相同)为均值的所有可能的成对组合执行并发的联合成对比较，使用 F 取样分布，可用来检查组均值的所有可能的线性组合，而非仅限于成对组合。

Scheffe 的应用指征：① 各组样本数相等或不等均可以，但是以各组样本数不相等使用较多；② 如果比较的次数明显地大于均数的个数时，Scheffe 法的检验功效可能优于 Bonferroni 法和 Sidak 法。

b. Tukeykramer(也称 Tukey 或 Tukey-Kramer 法)

Tukey(最常用，需要样本数目相同)使用学生化的范围统计量进行组间所有成对比较，将试验误差率设置为所有成对比较的集合的误差率。

Tukey 以学生化极差为理论根据，提出了专门用于两两比较的检验(有时也称最大显著差检验)。当各组样本含量相等时，此检验控制 MEER(最大试验误差率)；当样本含量不等时，Tukey(1953)和 Kramer(1956)分别独立地提出修正的方法。对 Tukey-Kramer 法控制 MEER 没有一般的证明，但 Dunnett(1980)用蒙特卡洛法研究发现此法非常好。

c. welch uncorrected

两组比较的样本的总体方差不相等的情况下，使用 welch 检验，计算统计量 t。

d. gameshowell

当方差和样本容量不相等时，适合使用此检验。当方差不相等且样本容量较小时，Tukey 法更合适。

(2) 两组物种差异分析

① student T 检验(方差相等)，即 student’s t test(equal variance)，在两组数目方差相等时可选择该检验，可用于检验两组样本的均值是否相同。通过此分析可以比较物种在两组样本组中的分布是否存在显著性差异，并对 P 值进行多种方法的校正。

② Welch T 检验(方差不等)，即 Welch’s t test(unknow variance)，在两组数目方差不相等时可选择该检验，可用于检验两组样本的均值是否相同。通过此分析可以比较物种在两组样本组中的分布是否存在显著性差异，并对 P 值进行多种方法的校正。

③ Wilcox 秩和检验(Wilcoxon rank-sum test),也叫曼-惠特尼 U 检验(Mann-Whitney U test),是两组独立样本非参数检验的一种方法。其原假设为两组独立样本来自的两总体分布无显著差异,通过对两组样本平均秩的研究来实现判断两总体的分布是否存在差异,该分析可以对两组样本的物种进行显著性差异分析,并对 *P* 值进行多种方法的校正。

④ 多重检验校正,即对 *P* 值进行多重检验校正方法,包括:"holm""hochberg""hommel""Bonferroni""BH""BY""fdr""none"。"none"即不校正,默认为"fdr"。

⑤ 单双尾检验,用于指定所求置信区间的类型,可选择双尾检验(求置信区间),左尾检验(求置信上限)和右尾检验(求置信下限)。

⑥ CI 计算方法,即计算置信区间的方法,方法为 DP:Welch's confidence inverted。置信度可选择 0.90、0.95、0.98、0.99、0.999。

运用 DP 的方法计算影响大小(effect size),即 mean1-mean2;运用 Welch T 检验的方法计算置信区间。

软件:R 的 stats 包和 python 的 scipy 包。

(3) 两样本物种差异分析

① 卡方检验(Chi-aquare test),对两个样本间的物种的丰度差异进行比较,通过此分析可获得物种在两个对比样本中的差异显著性。适用条件:两个样本容量都大于 20。

② 费舍尔精确检验(Fisher exact test),对两个样本间的物种的丰度差异进行比较,通过此分析可获得物种在两个对比样本中的差异显著性。适用条件:两个样本容量小于等于 20。

③ 多重检验校正,即对 *P* 值进行多重检验校正方法,包括:"holm""hochberg""hommel""Bonferroni""BH""BY""fdr""none"。"none"即不校正,默认为"fdr"。

④ 单双尾检验,用于指定所求置信区间的类型,可选择双尾检验(求置信区间),左尾检验(求置信上限)和右尾检验(求置信下限)。

⑤ CI 计算方法,即计算置信区间的方法,方法包括:"Diff Between Prop Asymptotic CC""Diff Between Prop Asymptotic""Newcombe Wilson"。置信度可选择 0.90,0.95,0.98,0.99,0.999。

Diff Between Prop Asymptotic,即 DP: Asymptotic,标准大样本法。

Diff Between Prop Asymptotic CC,即 DP: Asymptotic with CC,基于连续校正的标准大样本法解释分布的近似离散性。

Newcombe Wilson，即 DP：Newcombe-Wilson，该方法为 Newcombe 对比 7 种渐近方法后的推荐方法。

软件：R 的 stats 包和 python 的 scipy 包。

2. LEfSe 多级物种差异判别分析

LEfSe 是一种用于发现高维生物标识和揭示基因组特征的软件，包括基因、代谢和分类，用于区别两个或两个以上生物条件（或者是类群）。该算法强调的是统计意义和生物相关性。让研究人员能够识别不同丰度的特征以及相关联的类别。

LEfSe 通过生物学统计差异使其具有强大的识别功能。然后，它执行额外的测试，以评估这些差异是否符合预期的生物学行为。具体来说，首先使用 non-parametric factorial Kruskal-Wallis（KW）sum-rank test（非参数因子克鲁斯卡尔-沃利斯秩和验检）检测具有显著丰度差异特征，并找到与丰度有显著性差异的类群。最后，LEfSe 采用线性判别分析（LDA）来估算每个组分（物种）丰度对差异效果影响的大小。

分析软件：LEfSe 根据分类学组成对样本按照不同的分组条件进行线性判别分析（LDA），找出对样本划分产生显著性差异影响的群落或物种。

（六）关联与模型预测分析

1. 环境因子分析

（1）RDA/CCA 分析

RDA 或者 CCA 是基于对应分析发展而来的一种排序方法，将对应分析与多元回归分析相结合，每一步计算均与环境因子进行回归，又称多元直接梯度分析。此分析主要用来反映菌群与环境因子之间关系。RDA 是基于线性模型，CCA 是基于单峰模型。分析可以检测环境因子、样本、菌群三者间的关系或者两两之间的关系。

① RDA 或 CCA 模型的选择原则：先用 species-sample 数据（97％相似性的样本 OTU 表）做 DCA 分析，看分析结果中 lengths of gradient 第一轴的大小，如果大于 4.0，就应该选 CCA，如果在 3.0～4.0 之间，选 RDA 和 CCA 均可，如果小于 3.0，RDA 的结果要好于 CCA。

② 通过 bioenv 函数判断环境因子与样本群落分布差异的最大 Pearson 相关系数，通过最大相关系数得到环境因子子集。

③ 将样本物种分布表与环境因子或环境因子子集分别做 CCA 或者 RDA 分析。

④ 通过类似于 ANOVA 的 permutest 分析来判断 CCA 或者 RDA 分析

的显著性。

软件：R 语言 vegan 包中 rda 或者 cca 分析和作图。

(2) db-RDA 分析

RDA 分析是一种约束性对应分析方法，常采用欧式距离（euclidean distances）进行分析。但是欧式距离并不适用于一些数据类型，采用 db-RDA 分析可以解决数据类型的限制。

db-RDA（distance-based redundancy analysis）是一个三步分析过程：① 计算距离矩阵；② 进行 PCoA 分析（主坐标分析）；③ 利用 PCoA 计算获得的特征值进行 RDA 分析。

db-RDA 分析和 PCoA 分析类似，区别是一种加入了环境因子约束性的分析。

(3) mantel test 分析

mantel test 是检验两个矩阵相关关系的非参数统计方法。mantel test 多用在生态学上检验群落距离矩阵（比如 Unifrac distance matrix）和环境变量距离矩阵（比如 pH，温度或者地理位置的差异矩阵）之间的相关性。Partial Mantel Test 在控制矩阵 *C* 的效应下，来检验 *A* 矩阵的残留变异是否和 *B* 矩阵相关。该分析输入两个数值型矩阵，第三个控制矩阵可通过选择因子来确定。

分析软件：Qiime。

(4) 相关性 heatmap 图

相关性 heatmap 图表示的是微生物分类与环境变量的比较，评估微生物分类与环境变量之间的相关性（如 pearson、spearman 相关等）。基本输出是一个距离矩阵，表示群落中每个微生物分类与每个环境因子变量之间的相关系数，可以用热图直观地展现数值矩阵。

软件及算法：R（pheatmap package）。

2. 模型预测分析

(1) random forest 分析

随机森林（random forest）属于机器学习算法，是一个包含多棵决策树的分类器，它的分类结果根据检测样本的各个维度上的属性，在不同的决策树上进行判定，综合考虑所有判定结果后给出最终分类，对于分类问题结果取概率最大值，回归分析则取概率均值，它可以高效快速挑选出对样本分类最为重要的物种类别（biomarker）。

软件：R（random forest package）。

（2）ROC 曲线

ROC 曲线指受试者工作特征曲线（receiver operating characteristic curve），是反映敏感性和特异性连续变量的综合指标，通过构图法揭示敏感性和特异性的相互关系。ROC 曲线将连续变量设定出多个不同的临界值，从而计算出一系列敏感性和特异性，再以敏感性为纵坐标、特异性为横坐标绘制成曲线，曲线下面积越大，诊断准确性越高。

分析软件：R（plot ROC package）。

3. Network 网络分析

（1）共现性和相关性网络分析

共现性网络分析可以用来展示样本与物种之间的分布情况，通过对不同样本间的物种丰度信息进行相关性分析，可以获得物种在环境样本中的共存在关系，能够凸显出样本之间的相似性和差异性，针对大型复杂的数据来说是一种非常有效的方式。该分析步骤根据样本之间共有的物种生成聚类，也即共有的物种越多，样本之间的关系越接近。在网络图中有两类节点（node），一类是 species-node，一类是 sample-node，如果有一个物种在一个样本中出现的话，那么该物种与样本之间就有一条连线（edge）。物种相关性网络通过计算物种之间的相关性，构建出物种相关性网络，网络图中的节点都是 species-node 节点，当物种与物种之间的相关系数符合某一阈值的时候，物种与物种之间就有一条连线。随后利用图论知识对建立的生物相关性网络进行分析，使用了 Networkx 这种复杂网络分析工具包，通过计算网络的节点度分布、网络的直径、网络的平均最短路径，以及节点联通性（degree），紧密系数（closeness centrality）、介数中心性（betweeness centrality ）等属性，来获得物种和样本的组内或组间的相关信息，更加全面高效地挖掘出复杂数据中包含的信息。

主要拓扑性质介绍：

① 联通性（degree）：某节点的联通性表示在网络中直接与该节点相连的节点数目，连通性越高表示该节点在整个网络中重要性越高，连通性非常高的节点也称为 Hub 节点。

② 紧密系数（closeness centrality）：也称为亲密系数，节点与网络中其他节点的距离都很短，即该点是整体的中心，该值越大说明节点越靠近网络的中心位置。

③ 介数中心性（betweeness centrality）：该拓扑性质体现了某一个节点在与其他节点连接中所起的作用，该值越大，意味着该节点在保持整个网络

紧密连接性中作用越重要。

④ 度中心性(degree centrality):度中心性是在网络分析中刻画节点中心性最直接的度量指标,一个节点的度越大就意味着该节点的度中心性越高,该节点在网络中就越重要。

⑤ 度分布(degree distribution):网络由一些节点和连接它们的边构成。每个节点连接的所有边的数量就是这个节点的度。度分布是对网络中节点度数的总体描述,度分布指的是网络图中节点度数的概率分布或频率分布。

⑥ 传递性(transitivity):同一个节点的两个与之相连节点仍然互相连通的概率,也就是网络中节点形成三角形的概率。

⑦ 网络直径(diameter):网络中两个节点之间的距离为连接两个节点的最短路径上的边数,网络中任意两个节点之间的距离的最大值称为网络的直径。

软件:Networkx。

(2) 相关性网络分析

主要拓扑性质介绍同上。

(七) 进化分析

1. 系统发生进化树

在分子进化研究中,系统发生的推断能够揭示出有关生物进化过程的顺序,了解生物进化历史和机制,可以通过某一分类水平上序列间碱基的差异构建进化树。

软件:FastTree(version 2.1.3),通过选择 OTU 或某一水平上分类信息对应的序列根据最大似然法(approximately-maximum-likelihood phylogenetic trees)构建进化树,使用 R 语言作图绘制进化树。结果可以通过进化树与 reads 丰度组合图的形式呈现。

2. 系统发生环形进化树图

通过选择 OTU 或某一水平上分类信息对应的序列,根据最大似然法构建进化树,并以环形图的形式呈现物种的系统发生进化关系。

软件:FastTree 构建进化树,R 语言绘图。结果通过圆形进化树图形式呈现。

(八) 16S 功能预测分析

16S 功能预测是通过 PICRUSt(PICRUSt 软件存储了 greengene id 对应的 COG 信息和 KO 信息)对 OTU 丰度表进行标准化,即去除 16S marker gene 在物种基因组中的 copy 数目的影响;然后通过每个 OTU 对应的

greengene id,获得 OTU 对应的 COG 家族信息和 KO 信息;并计算各 COG 的丰度和 KO 丰度。根据 COG 数据库的信息,可以从 eggNOG 数据库中解析到各个 COG 的描述信息,以及其功能信息,从而得到功能丰度谱;根据 KEGG 数据库的信息,可以获得 KO、Pathway、EC 信息,并能根据 OTU 丰度计算各功能类别的丰度。此外,针对 Pathway,运用 PICRUSt 可获得代谢通路的 3 个水平信息,并分别得到各个水平的丰度表。

EggNOG(evolutionary genealogy of genes:non-supervised orthologous groups)数据库:是国际上普遍认可的同源聚类基因群的专业注释数据库,包括来自原始 COG/KOG 的功能分类,以及基于分类学的功能注释。目前该数据库(version 4.0)包含 170 万个直系同源类群,覆盖了 3 686 个物种,给定了 107 个不同的分类级别的同源群。

KEGG 数据库(Kyoto encyclopedia of genes and genomes,京都基因和基因组百科全书)是系统分析基因功能,联系基因组信息和功能信息的大型知识库。KEGG Genes 数据库提供关于在基因组计划中发现的基因和蛋白质的序列信息;KEGG Pathway 数据库包括各种代谢通路、合成通路、膜转运、信号传递、细胞周期以及疾病相关通路等。此外还收集了各种化学分子、酶及以及酶促反应等相关信息。KEGG Module 数据库是 KEGG 收集的一系列的功能单元,用于基因组注释和生物学解释。KEGG Orthology (KO)系统通过把分子网络的相关信息连接到基因组中,提供了跨物种注释流程。

第三章 宏基因组学技术

广义宏基因组是指特定环境下所有生物遗传物质的总和,它决定了生物群体的生命现象。广义宏基因组是以生态环境中全部 DNA 作为研究对象,通过克隆、异源表达来筛选有用基因及其产物,研究其功能和彼此之间的关系和相互作用,并揭示其规律的一门科学。狭义宏基因组则以生态环境中全部细菌和真菌基因组 DNA 作为研究对象,包含了可培养和还不能培养的微生物的基因,通过克隆、异源表达来筛选有用基因及其产物,研究其功能和彼此之间的关系和相互作用,并揭示其规律。宏基因组学这一概念最早是在 1998 年由威斯康辛大学植物病理学部门的 Jo Handelsman 等提出的,是源于将来自环境中基因集可以在某种程度上当成一个单个基因组研究分析的想法,这个术语源于 meta 分析中的统计学概念,是将单独分析与基因组学中微生物遗传信息的复杂分析综合在一起的统计过程,具体包括取得某个环境中或目标细胞富集后的基因组 DNA 片段,然后进行测序或功能分析。宏基因组学分析通常还被称为环境基因组学(environmental genomics)、生态基因组学(ecogenomics)和群落基因组学(community genomics)。

第一节 环境样本 DNA 的抽提

DNA 主要存在于细胞核内,核内 DNA 占整个细胞 DNA 量的 90%以上,核外 DNA 主要有线粒体 DNA(或植物叶绿体 DNA)和质粒 DNA。从环境样品中提取 DNA 的方法主要分为细胞抽提法和直接提取法。细胞抽提法是指先将微生物细胞从环境基质中分离出来,再裂解 DNA。TORS-VIK 等首次报道了采用细胞抽提法从土壤中提取微生物的 DNA,主要包括 4 个步骤:分散土壤;分离细胞与土壤;裂解细胞;提取和纯化 DNA。细胞抽提法较费时并且只可以同时提取少量样品,而且由于绝大部分细菌仍然吸附在基质上，导致得到的DNA较少。后来，Ogram等提出了直接裂解细胞释放出DNA的方法。直接提取法不需要分离细胞，直接通过物理、化学或酶的作用来裂解细胞，较方便省时，而且大量的微生物都能被裂解，对于那些吸附在有机矿物基质上的微生物也能使其细胞裂解，因此提取的DNA不仅得率高，而且能较真实地反映样品中微生物的群落状态。TSAI等采用直接提取法的DNA得率是细胞抽提法的50倍。

采用直接提取法从环境样品中提取DNA的基本步骤主要有样品的预处理、细胞裂解、蛋白质和核酸的分离、核酸抽提、DNA的沉淀和重溶等。直接提取法提取DNA的同时，会将腐殖酸、褐菌素以及某些有机化合物或无机化合物提出，由于这些物质的存在，较难获得高得率的大分子量DNA，它们还会干扰或抑制后续的分子生物学实验，因此必须对所提取的DNA进行纯化。

一、样品的预处理

由于某些环境样品的特殊性，例如土壤、活性污泥、生物膜等环境样品中含有大量的腐殖酸、褐菌素和重金属离子等杂质，还有一些胞外游离的DNA，它们都极大地影响DNA提取以及后续工作，通常需要对样品进行预处理，初步去除这些杂质，提高所提取DNA的质量。目前，采用的预处理方法通常是利用缓冲液来洗涤样品。常用的缓冲液有TE、TENP和PBS等。缓冲液中的三羟甲基氨基甲烷(Tris)和乙二胺四乙酸二钠(Na_2EDTA)可以保护DNA免受DNA酶的攻击，EDTA还可以有效络合重金属离子，抑制核酸酶的活性，十六烷基三甲基溴化铵(CTAB)和聚乙烯吡咯烷酮(PVP)可以吸附样品中的大部分腐殖酸和酚类化合物。国外通常采用玻璃奶纯化去除腐殖酸。Zhou等比较了CTAB和PVP对去除杂质的影响，发现两种试剂都不能完全去除腐殖酸，与PVP相比，采用CTAB不会造成DNA的损失。Fortin等认为在细胞裂解之前用包含曲拉通(Triton X-100)和不同EDTA浓度的缓冲液洗涤，可以有效地改进提取DNA后聚合酶链反应(PCR)扩增DNA的质量。Triton X-100可以增强DNA的水溶性和促进碳水化合物的降解，减少细菌对土壤中碳水化合物的黏附。赵勇等认为采用TENP和PBS缓冲液对土壤进行预处理，可以去除土壤中的腐殖酸、各种离子、无机物及有机物等杂质，减少胞外游离DNA的污染。

由于土壤、污泥等环境样品中一些含钙物质具有极强的黏附DNA的能力，DNA经释放很容易又被吸附到基质中。因此，对环境样品而言，细胞破壁显得更为重要。不同的细胞裂解方法导致提取的 DNA 质量有很大差异。已报道的细胞裂解的方法有很多，主要包括物理法（如：珠磨匀浆法、液氮研磨法、超声波法、冻融法和煮沸法等），化学法（如：表面活性剂法、盐类法和有机溶剂法等），酶解法（如裂解酶法、溶菌酶法和蛋白酶 K 法）等。各种裂解方法都有优势与不足，由于研究者的样品和所采用的方法不同，得出的结果也不完全相同。

1. 物理法裂解细胞

物理法是采用一些机械的方法使细胞壁破裂，释放出 DNA 的方法。物理法操作较方便，能最大限度地获取整个细菌群落的总 DNA，但是纯度不高，含有较多的杂质，而且由于物理法的操作较剧烈，容易造成 DNA 被剪切。Cullen 等认为珠磨匀浆法比冻融法和化学法都更有利于细胞的破裂，但是提取的 DNA 容易被剪切，可能会包含一些小片段。孙晓棠等采用珠磨匀浆法从土壤中提取 DNA 经过纯化后可以用于 PCR。郑雪松等发现采用珠磨匀浆法得到的 DNA 产量最低，且含有大量的蛋白质和酚类杂质。可能由于所用的样品不一样，所以导致得出的结果不一样。采用玻璃珠击打使细菌细胞破壁与击打时间和击打速度有很大的关系，而且所采用的玻璃珠的粒径对 DNA 的剪切也有很大影响。Burgmann 等采用玻璃珠击打匀浆时发现延长玻璃珠的击打时间，提高击打速度可减少缓冲液的用量，但是 DNA 的片段增多。液氮研磨法是最简单的破壁方法，而且破壁的效果较好。Guthrie 等认为液氮研磨法可以将嵌入在沉积物中的细菌细胞暴露出来，而且液氮还有可能改变细菌周围黏土的结构。宫强等比较了酚/氯仿抽屉法、CTAB 法、改良 CTAB 法和液氮研磨法等 DNA 提取方法，发现采用液氮研磨法提取的 DNA 纯度高、数量多，核酸的降解少，避免了 DNA 的断裂，可以提供足量、可信的模板。由于液氮的温度很低，核酸在低温时不容易降解。将研磨好的材料（活性污泥或土壤）转入离心管时动作要迅速，否则会造成材料融化，导致 DNA 降解。超声波法对于分散活性污泥中的细菌具有非常好的效果，但是 DNA 容易被打断，得到的片段不完整。采用冻融法处理时，水浴的温度和时间对其都有很大的影响。一般采用液氮冷冻或置于冰上，温浴采用 50 ℃、65 ℃、100 ℃。

2. 化学法裂解细胞

化学法是指通过一些化学试剂的作用使细胞破壁的方法，采用的化学试剂主要由多种 SDS、NaCl 及各种缓冲液组成。化学法提取 DNA 主要包括 SDS 裂解法和 CTAB 裂解法。目前，很多研究者也采用多种化学试剂相互结合、共同作用的方法来提取基因组 DNA。SDS 可以溶解细胞膜中的脂溶性物质，使细胞破壁释放出 DNA。CTAB 可以去除腐殖酸等杂质。化学法的破壁效果较好，但是所采用的试剂多，操作较繁琐，一般提取过程需要 4～5 h，容易造成 DNA 降解。郑雪松等比较了酶解法、化学法、珠磨匀浆法和冻融法对活性污泥总 DNA 提取效率的影响，认为化学法破壁效果最好，获得的 DNA 较多，但含有很多杂质，纯度也不高。化学法提取 DNA 的过程中会使用如氯仿等有机溶剂，这类溶剂通常会对人体造成一定的伤害。Guthrie 等认为 DNA 能被沉积物中的含钙物质紧紧吸附，通过加入 EDTA 可以抑制 DNA 的吸附，通过螯合去除重金属离子。

3. 酶解法裂解细胞

酶解法的成本较高，破壁的效果较好，通常和物理法或化学法结合起来使用，一般采用的酶有溶菌酶、蛋白酶 K 和蛋白酶 E 等。孙栋等发现在提取土壤微生物的 DNA 时，蛋白酶 K 法比溶菌酶法的效果好，能使 DNA 大片段总得率提高 20%以上。

4. 几种方法结合裂解细胞

目前，大多数研究者将上述 3 种或几种方法结合起来使用，能基本使细胞裂解。Lemarchand 等比较了 10 种从废水样品中提取 DNA 的方法（化学裂解-硅藻土基质捕获 DNA 法、化学裂解-酚/氯仿/异戊醇抽提法、超声波-酚/氯仿/异戊醇抽提法、超纯水 DNA 提取试剂盒法、GES 提取法、Triton-prep 法、冻融-溶菌酶-SDS 裂解法、玻璃珠击打-醋酸铵纯化法、玻璃珠击打-酚/氯仿/异戊醇抽提法、玻璃珠击打-醋酸钾沉淀-酚/氯仿/异戊醇抽提法），发现采用冻融-溶菌酶-SDS 裂解法和玻璃珠击打-醋酸铵纯化法得到的 DNA 片段长、纯度高、降解少，适合后续的 PCR 和荧光原位杂交。Wechter 等采用溶菌酶-蛋白酶-SDS 裂解法从土壤中提取出高质量的 DNA，可以直接用于 PCR 和克隆。高平平等用冻融-溶菌酶-SDS 裂解法处理活性污泥，可以使 99%以上的细胞裂解。陈敏比较了溶菌酶-SDS 裂解法、蛋白酶 K-SDS 裂解法、冻融-溶菌酶-SDS 裂解法以及超声波-溶菌酶-SDS 裂解法处理土壤中微生物，发现超声波-溶菌酶-SDS 裂解法的处理方式最好，细胞裂解率达到 91%，而没有采用超声波或冻融处理明显影响了后面的化学法和酶解法的效果。因此，必须根据环境样品的性质来选择合适的裂解方法，同时还要考虑样品是属于革兰氏阳性菌还是革兰氏阴性菌，某些试剂只能使革兰氏阳性菌破壁。

二、DNA 的提取

1. 无机提取法

无机提取法是用高浓度的盐如氯化钠沉淀蛋白质再将其去除，根据对DNA溶解度的研究发现，在氯化钠浓度为0.14 mol/L时，DNA的溶解度仅为水中的1%；当氯化钠浓度增加时，DNA的溶解度逐渐增加，此时氯化钠溶液仍有相当大的溶解度。而当氯化钠浓度再增大时，DNA溶解度又相对减少。因此提取DNA时，采用1 mol/L以上高浓度氯化钠溶液。基本方法是在消化裂解的DNA溶液中加入高浓度氯化钠溶液，剧烈振荡混合后高速离心沉淀，上清液用无水乙醇沉淀DNA。利用这种方法获得的DNA易降解，但可能由于剧烈振荡等操作因素，所提取的DNA盐浓度较高，残留蛋白质较多，不适合下游酶切等操作。

2. 有机提取法

酚氯仿抽提DNA是有机提取法，即细胞破碎后，用提取缓冲液将DNA、蛋白质释放出来，用多次苯酚、氯仿等有机溶剂抽提使蛋白质变性沉淀于有机相，而核酸保留在水相，达到分离核酸的目的，中间不用分离核蛋白。用此技术可达到精制DNA的目的，并且提取的DNA也能够适用于大部分的分子生物学技术。但该方法操作比较繁琐，要做若干步操作及材料与试剂的转移，不易自动化，也不适合加工大量标本，并且要接触到酚、氯仿等有毒有害物质，如果操作不慎DNA也会有降解。

3. CTAB提取DNA

十六烷基三甲基溴化铵(cetyilrtmethyl ammoniumbromide，CTAB)是一种阳离子去污剂，CTAB能够与核酸形成复合物，该复合物在高盐(>0.7 mol/L)浓度下可溶，并稳定存在，而当浓度降低到0.1～0.15 mol/L时，CTAB-核酸复合物就会因为溶解度降低而沉淀，而大部分的蛋白质及多糖等仍溶解于溶液中。然后通过有机溶剂抽提，去除蛋白、多糖、酚类等杂质后加入乙醇沉淀即可使核酸分离出来。经离心弃上清液后，CTAB-核酸复合物再用70%酒精浸泡可洗脱掉CTAB。提取环境样品中总DNA，研究根际微环境或者真菌的生态分布时可以用CTAB法。由于有些环境样品中多酚、多糖等物质的含量较高，利用常规的CTAB方法等难以分离出高质量的DNA，主要表现在蛋白等杂质较多，DNA容易褐变，电泳条带拖尾现象严重等。对于复杂环境中样品，可以适当调节CTAB及还原剂β-巯基乙醇的浓度，结合凝胶分离或者树脂层析进一步提高DNA的纯度，达到试验要求。

4. SDS 高盐提取 DNA

十二烷基硫酸钠(sodium dodecyl sulfate,SDS)是一种阴离子表面活性剂,可以和生物膜中的磷脂以及脂蛋白相互作用而破坏膜结构。同时它还会破坏酶的空间结构,从而影响酶的催化活性。所以在提取 DNA 时,常用高浓度的 SDS(0.5%以上)在较高温度下(55～65 ℃)裂解细胞并钝化核酸酶以减少 DNA 的降解。张瑞福等采用 SDS 高盐提取法对 9 种不同来源的土壤进行微生物 DNA 的提取,与通常采用的对菌体细胞的超声破碎法相比,既保证了一定提取效率,又兼顾了 DNA 的质量,使 DNA 在提取过程中不会受到损伤。环境样品特别是极端环境样品(如火山、矿石等)DNA 提取过程中,由于 DNA 与复杂环境因子的相互作用,单纯使用 SDS 裂解细胞无法得到满意的效果,可以结合研磨、生物酶消化等方法提高效率。采用脱脂牛奶作为竞争性吸附剂可减少 DNA 与颗粒杂质的吸附作用从而提高 DNA 得率。对于重金属含量较高样品则可通过电渗析的方法除去其中重金属离子,达到分离纯化目的。

5. 微波法提取 DNA

微波法提取 DNA 是一种比较简单并且快速的方法,这一方法已成功地应用于提取很多环境中的 DNA 样品,如活性污泥和土壤等。该方法可以使细胞裂解与提取的步骤达到最优化,在高浓度下使用微波热激可以避免纯化时的污染。用此法提取的 DNA 适用于 PCR 扩增或者进行限制性酶消化,并且不会影响后续的 Taq 酶的活性以获得期望的扩增产品。微波加热对于不易破壁的革兰氏阳性细菌和真菌非常有效,并且也能用于裂解土壤中的菌群,但是微波处理必须适中,因为微波过度处理可能将 DNA 断裂为较小的片段不利于下游操作及分析。

6. 玻璃粉吸附法提取 DNA

近年来已有很多报道利用玻璃粉在高盐条件下吸附 DNA 的特性,来提取 DNA。此方法提取核酸操作简便,用物理吸附法提取 DNA,不需要特殊的设备,虽不能彻底除去抑制剂,但所提取的核酸完全可以满足 PCR 扩增的需要。其缺点是玻璃粉吸附能力有限,DNA 产率较低,且对于大分子 DNA 片段提取效果较差。近年来发展较快的磁珠法是玻璃粉法的衍生和提高,该方法是通过细胞裂解液裂解细胞,释放出来的核酸分子被吸附到磁性颗粒表面,蛋白质等杂质则留在溶液中被去除。反应一定时间之后,再在磁场作用下,使磁性颗粒与液体分开,回收颗粒(即磁珠-DNA 混合物），再用洗脱液洗脱即可以得到纯净的 DNA。磁珠法不需要加入多种试剂，操作简单，符合核酸自动化提取要求，是未来核酸纯化方法发展的一个重要方向。

7. 试剂盒提取法

所谓提取试剂盒是指包含了提取 DNA 所需的试剂，能直接用于提取高质量的 DNA。传统的基因组 DNA 提取方法中，实验人员会接触较多的有毒有害物质。如今，一些专门的生物技术公司能够为实验人员提供采用了新技术和新方法的较完备的基因组 DNA 提取试剂盒，由于其适用于多个样品同时操作，快速、准确、方便，无须酚、氯仿抽提，避免了有机质溶剂的污染，在科研中的地位慢慢开始受到重视。然而，由于多方面的原因，有些试剂盒的提取效果并不能令人满意。国内外有众多研究者在进行环境微生物分子生态学研究时，采用了商业的 DNA 提取试剂盒，虽然获得了较好的 DNA 样品，但是成本过高，在应用上还有一定的局限。如，Kasuga 等采用超薄土壤 DNA 分离试剂盒来提取生物活性炭中微生物的 DNA，结果发现所提的浓度和纯度都很理想，能很好地用于后续的限制性内切酶片段长度多态性分析。

8. DNA 提取微芯片

由于 PCR 芯片的迅速发展，相应地对 DNA 提取提出了更高的要求。因此，必须寻求一种高效的 DNA 提纯的方法，即 DNA 提取微芯片。Tian 等利用固相提取法原理制作了 DNA 分离芯片，即采用固体的表面，如硅、玻璃、离子交换树脂或者经过修饰的磁珠等作为基质特异性吸附 DNA，然后用一些溶剂洗脱其他物质和未结合的 DNA 后，再通入洗脱液使待提取的物质从固体表面洗脱下来，从而达到提取纯化的目的。该方法操作过程比较简单，DNA 降解较少，结合使用蛋白变性剂和 RNA 降解试剂，可以使 DNA 的纯度和产量得到提高，而且能够大批量地进行提取，但是用于提取 DNA 的成本较贵。

三、DNA 的纯化

由于直接提取法从环境样品中提取的 DNA 很难将其中的腐殖酸和一些酚类物质去除干净，而这些物质对后续的实验如 PCR、限制性内切酶等反应有较大的影响。腐殖酸的物理化学性质与 DNA 很相似，提取时会同 DNA 竞争吸附，是 PCR 主要的抑制剂，因此有必要对提取的 DNA 进行纯化。通常采用的纯化方法有氯化铯密度梯度超速离心法、琼脂糖凝胶电泳法和凝胶过滤树脂法等。还有一些研究者通过稀释粗提的 DNA 来减少抑制物的含量，但是稀释对于降低腐殖酸等抑制物的作用不大。目前，市面上出现了纯化试剂盒，较方便，但是成本较高。Zhou 等比较了 4 种 DNA 的纯化方法(单次管纯化法、双次管纯化法、凝胶加单次管纯化法、凝胶加离心收集法)，发现凝胶加离心收集法的 DNA 得率最高，但是凝胶电泳的回收率随着 DNA 片段的分布不同而变化，此外，DNA 在纯化过程中会发生损失，粗提的 DNA 中含有的腐殖酸等杂质会干扰 DNA 结合到树脂上。邵继海等比较了 4 种 DNA 的纯化方法(1%(质量分数，下同)的琼脂糖凝胶电泳纯化法、葡聚糖凝胶 G-200 离心层析纯化法、葡聚糖凝胶 G-200 离心层析和 1%的琼脂糖凝胶电泳结合纯化法、含 2%(质量分数，下同)PVP 的 1%琼脂糖凝胶电泳纯化法)，研究表明，葡聚糖凝胶 G-200 离心层析和 1%的琼脂糖凝胶电泳结合纯化法处理的 PCR 产物最多，但都不能完全纯化从土壤中抽提的 DNA。由于样品的性质不同，纯化方法的效果也不同，将各种纯化方法结合起来可以得到较纯的 DNA。

第二节　样本 DNA 片段化

自 2005 年 *Nature* 报道了 454 Life Science 公司的一种基于微乳液 PCR 技术的高通量测序技术以来，第 2 代高通量测序技术快速发展起来，已经在许多领域得到了广泛的应用。多数高通量测序技术都是将片段化的基因组 DNA 加上相应的通用接头，进行引物杂交和酶的延伸反应。由于所有的基因组 DNA 片段都在同一平面上，这些反应就能够高通量地平行进行，实现 1 次对几十万到几百万条 DNA 分子进行序列测定。同理，每个延伸所掺入的荧光标记的成像检测也能同时进行，获取数据后，经过计算机软件分析获得 DNA 序列信息。高通量测序的最大优势就是 1 次可以平行做大量样本，得到数据后，在多个样本之间进行比较。如果样本处理参差不齐，文库构建不理想，将在很大程度上会影响数据质量，从而导致分析结论上的偏差。因此在高通量测序中，样本文库制备过程的平行性、可比性、重复性显得尤其重要。

目前为满足高通量测序样本文库构建的基本要求，常用的方法有酶消化法、超声波降解法、喷射雾化法和水动力剪切法。

一、酶消化法

最初是利用限制性内切酶(*Endodeoxyribonuclease*)或 DNA 酶 Ⅰ(*Deoxyribonuclease* Ⅰ)配合 Mn^{2+} 将 DNA 大片段切割成小片段,针对新一代的高通量测序平台,多家公司开发了配套的酶切试剂,多数是利用几种酶组合而成,其中包含一种可以在双链 DNA 上有随机切割位点的酶将双链 DNA 制造切口,然后由另外一种酶将切口处的单链 DNA 切断形成双链 DNA 片。如 Fragmentase,该片段化酶包含两种不同功能的酶,其一可以实现在 DNA 双链分子上随机制造切口(nick),另一种酶可以识别这种切口并且在互补链对应处制造缺口,从而完全从该处断开双链 DNA,实现只需根据反应时间的长短获得不同长度的 DNA 片段,范围为 100～800 bp DNA。

二、超声波降解法

超声波降解法是利用超声波破碎仪将电能转换为声能,这种声能使水(或其他液体)形成密集的小气泡,随着气泡震动和其猛烈的聚爆而产生机械剪切力,对基因组 DNA 进行物理性打断。根据不同的超声频率和强度可将 DNA 打断成相应大小的 DNA 片段,从而达到满足高通量测序的长度要求。宏基因组测序要求的 DNA 片段化约 300 bp。超声波破碎仪如图 3-1 所示。

图 3-1　超声波破碎仪

三、喷射雾化法

喷射雾化法是利用 DNA 雾化仪使高压氮气从顶端压入，通过两侧的进气道对底部的 DNA 缓冲液混合物产生压力，液体顺着中部细管上升至顶部(见图 3-2)。顶部出口处有筛子之类的东西，DNA 通过“筛子”被打成小片段。通过调节压力大小，可以把 DNA 打成所需要的 bp 长度，使用之前 DNA 必须经过纯化。

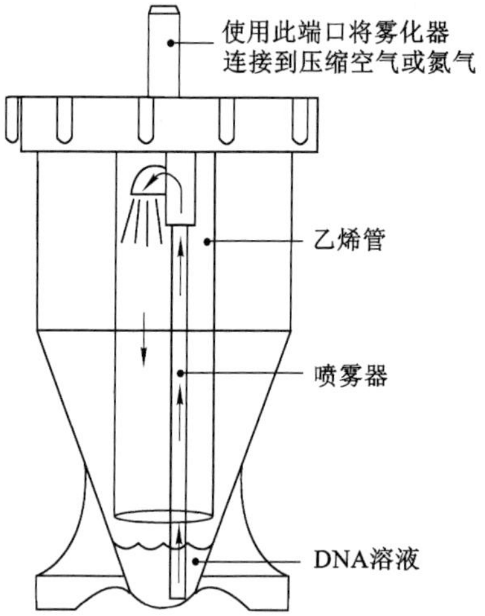

图 3-2 喷射雾化法原理

四、水动力剪切法

基于水动力剪切 DNA 的方法是目前大家公认的比较有效的方法之一，可以较好地得到随机分布并且分散度较小的 DNA 片段，并且不会对 DNA 造成损伤。Digilab 公司生产的全自动基因组 DNA 剪切仪(hydrodynamic DNAshearing instrument)，利用水动力剪切可以获得长度为 40～4 000 bp 的 DNA 片段。当前采用的微流控技术，可以精密地操控微米级的流体，是一种非常适合用来实现少量 DNA 样品处理(包括片段化) 的方法。在微流控的微通道中，流体的流速以及流动的变化不但可以整体控制流体的速度，而且可以通过对微流控通道的几何结构的设计来控制流体流速在微通道中的变化(加速或者减速)。因此，可以控制流体对 DNA 样品的流体剪切力，从而快速剪切溶液中的 DNA 分子，得到短链的 DNA 片段。

第三节　构建基因文库

一、传统构建文库

1. 小片段插入的宏基因组文库

以质粒或λ噬菌体为载体的小片段插入文库(通常1.5～3 kbp的片段)是宏基因组的信息资源库,可以通过测序或功能实验筛选。小片段文库的早期研究集中在未培养群落中的单个代谢相关基因。带有报告基因的小片段文库可用于底物诱导的基因表达筛选时鉴定新的分解代谢相关的操纵子。小文库构建是多数研究中基于Sanger法进行宏基因组测序的先决条件。小片段文库的高通量测序是获得基因组框架和评估复杂环境中系统发生与代谢多样性的强大工具。小片段文库的构建流程已经明确,然而在基于序列的宏基因组学研究时,还存在一些大的弊端。首先,一个系统发生标记可以对隶属于特定系统发生类群的片段进行可靠评估,但是在小片段文库中的标记常常丢失。如果数据量不足或样品多样性高,那么对特定物种的基因组框架图的重构建,甚至遗传功能的评估几乎是不可能的,并且较大片段的电脑模拟组装存在嵌合体的风险,尤其当重组装的重叠片段太短或存在重复序列时。

2. 大片段插入的宏基因组文库

宏基因组大片段文库(＞30 kbp)的优势在于通常可以归类到特定物种,可根据在相同DNA片段上系统发生标记(如16S rRNA基因)进行物种的分选。并且可尝试通过核酸频率将大片段组装到含有系统发生标记的参考序列上。大片段文库可得到完整的操纵子或基因岛,形成嵌合体风险低,且测序量适中合理,因此大片段文库在早期研究中受到青睐。改良的单细胞测序技术降低每个碱基的测序成本,转移了近些年来的关注焦点。但大片段插入文库在未来的宏基因组研究中是否不可替代,仍然是个未知数。

大片段文库可克隆到不同载体中。其中有三种载体常用来构建宏基因组文库:Cosmid、F黏粒和细菌人工染色体(BAC)。Cosmid载体为传统质粒,含有1至2个噬菌体λcos整合位点,这使λ噬菌体进行体外DNA包装成为可能。克隆到Cosmid质粒的DNA片段平均长度为30～45 kbp之间,具体取决于载体的大小。载体加上插入片段的大小需为平均λ噬菌体基因组的78%～105%,便于DNA包装进入噬菌体头部。一旦进入宿主细胞,

Cosmids便呈现高拷贝，这方便了进一步的文库筛选。Cosmids已经用于有些宏基因组文库的构建，然而这个系统存在两个严重不足：第一，可造成嵌合体、重排或缺失；第二，插入片段大小基本上是一致的，但是相对于一个完整基因组来说略小。

Fosmid载体在目前宏基因组分析中应用最广泛。Fosmid克隆同样具有λ噬菌体体外包装的优势，插入片段大小与Cosmid载体相似。然而相对于Cosmid载体来说，F黏粒载体来源为E. *coli*的致育因子(F因子)，携带了F因子复制和分区相关的序列。结果每个细胞中仅有1～2个F黏粒拷贝，并且在一个细胞里无法维持2个不同的F黏粒。因为拷贝数较少，嵌合体的频率也较低，因此可导致宿主死亡的有毒基因表达量会减少。为了便于筛选，携带了第二个诱导复制子的改良F黏粒载体被构建了。这使文库维持在低拷贝，同时又能选择性诱导至每个细胞10～50个拷贝，以利于进一步分析。这些改良的F黏粒克隆使筛选更清晰明确，这也许是这些载体成功用于宏基因组分析的主要原因。

BAC载体克服了F黏粒固有的λ噬菌体包装系统插入片段大小的限制。BAC载体与F黏粒同样携带大肠杆菌的F因子与分割序列，而且可用于二次诱导复制。两种克隆系统的主要区别在于诱导重组DNA进入宿主的方法。相对于F黏粒克隆，BAC文库构建应用电穿孔技术，避免λ噬菌体包装系统对片段大小的限制，特定的大肠杆菌用于转化这种带有长DNA插入片段的载体时效果很好，大于300 kbp的DNA片段可以克隆到BAC载体，并在大肠杆菌中稳定存在。例如，Bryant等用系统发生标记基因和光营养基因分析了一个271 kbp的光营养群落宏基因组BAC克隆。然而BAC克隆比F黏粒克隆的效率低100～1 000倍，原因是电穿孔比体外包装的转化效率低，并且BAC文库的平均长度与产生的BAC克隆数成负相关。对于宏基因组工作，尤其是研究土壤和海洋沉积物时，BAC克隆仍然存在挑战，有时构建的宏基因组BAC文库的平均长度并不高于F黏粒文库。最近发表的关于土壤样品BAC文库构建的文章指出："……大片段的插入构建在某种程度上讲是一个特殊的过程……"。这清楚地指出了BAC克隆可能遭遇的困难。然而，插入片段越大，在染色体步移法分析时越省力，尤其对于复杂样品。

关于大片段文库构建的技术环节以及相关公司克隆试剂盒的操作说明已有详细描述。构建流程如图3-3所示。近年来发表了大部分改良方法，由于篇幅限制在这里不再赘述。但是要强调一个关键步骤，即克隆之前插入DNA片段的长度选择，大大影响了文库的大小和质量：在构建F质粒文库时选择理想的长度，避免了在同一载体上连接两个或多个片段产生的嵌合体，并且克隆的效率同样受连接产物的影响，片段太长或太短都会导致难以包装到噬菌体头部。在构建BAC文库时，小的质粒在电穿孔时会优先导入宿主细胞，这样可能会导致文库的平均长度变小。BAC文库的片段大小选择南脉冲场电泳(PFGE)完成，而不是常规琼脂糖电泳。在常规琼脂糖电泳中电流是恒定，15～25 kbp分子的迁移率相差不多。比较而言，PFGE允许5 Mbp以下的DNA分子基于大小分离，如果凝胶中待分离的DNA量大，实施两轮的大小选择更加合适。

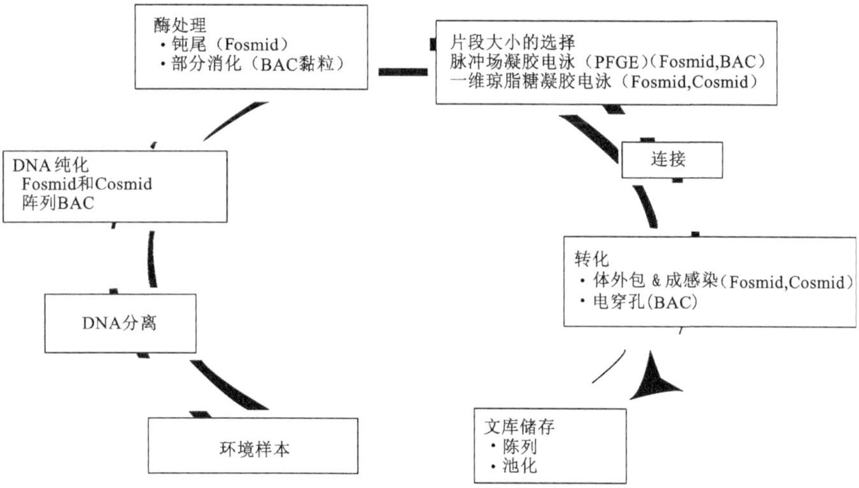

图3-3 大片段宏基因组插入文库构建概述

3. 宏基因组文库的大小

对于纯培养群落的文库大小，它覆盖基因组的概率定义为

$$N=[\ln(1-P)]/[\ln(1-f)]$$

式中 P——期望概率；

f——插入片段与基因组长度之比(即平均插入长度/基因组长度)。

在宏基因组分析中，需要考虑一些额外因素。宏基因组文库的大小需要代表一个环境样品，或者从统计学的角度来讲，一个克隆携带一个目的标记基因，而文库的大小计算是很困难的。同时需要考虑的还包括群落的多样性、组成以及样品中不同微生物的基因组大小。通过对NCBI主页列出的815种细菌和古菌进行统计，得出微生物平均基因组大小为3.2 Mbp。事实上基因组大小变化很大，当前两个极端的例子，一个是 *Candidatus Camone*

Haruddii(159 662 bp)，属于内共生的 1 变形菌门，另外一个是 *Sorangium cellulosum*"So ce 56"(13 Mbp)，是土壤中的粘细菌。此外，复杂样品中的细胞不完全裂解会导致偏好性产生；重复序列与异常 GC 含量以及存在有毒基因产物时都会导致偏好性增高。

4. 宏基因组文库的保存

宏基因组文库可在不同阶段贮存。如果文库不能立即涂平板，在连接或包装阶段的噬菌体头部可贮存于－80 ℃。在深度冷冻之前，噬菌体溶液需存于 DMSO 或甘油中。重组细胞转化后，也要保存于甘油中并立即－80 ℃保存。

选择长期保存涂板文库的方法取决于许多因素，诸如样品的均一性、文库的大小以及下一步筛选方案的选择。一般推荐保存多个文库的拷贝。文库可以用含有低温防冻剂(例如 5%～7%甘油)的培养基从琼脂板上洗脱，以重组克隆的混合体的方式存放于－80 ℃条件下。如果将来有测序插入末端序列的计划，一般会实行单克隆的挑选和阵列式保存。

二、基于高通量测序的 PE 文库的构建

片段化的 DNA 两端可能不平，3′或 5′末端突出，黏性末端不利于加入接头，为了保全信息，所以要进行末端修复来补平或者切掉。在 T4 DNA Polymerase 5′→3′的聚合酶活性和 3′→5′的外切酶活性的作用下，两种不同形式的黏性末端可被同时平滑化。平末端 DNA 片段通过脱氧核糖腺嘌呤三磷酸混合物、尾扩缓冲液和 Taq DNA 聚合酶在 72 ℃条件下将"A"碱基加入 DNA 片段的 3′末端。再分别加入测序引物(Oligos)以及 P5 和 P7，以完成文库的构建。高质量 DNA 文库结构如图 3-4 所示。

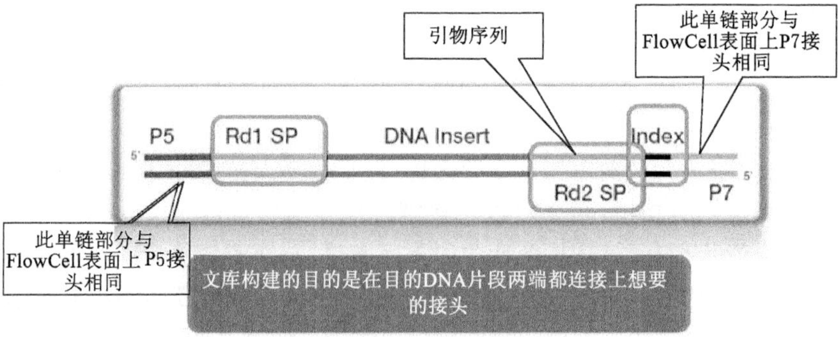

图 3-4 高质量 DNA 文库结构

三、桥式 PCR

测序芯片(flow cell),具有 2 个或 8 个泳道(Lane)的玻璃片,其与一元硬币的厚度相当,每个泳道内的上下两个表面随机地布满了能够与文库两端接头分别互补配对的寡核苷酸(Oligos,P7 和 P5 接头)。使用 NaOH 将双链 DNA 文库变性为单链,将单链 DNA 模板与 flow cell 表面的对应接头杂交,以 flow cell 表面上的 Oligos 为引物合成第一条链,经变性后冲走单链 DNA 模板,新合成的链留在 flow cell 上。单链 DNA 与 flow cell 表面对应接头杂交形成"桥",以接头为引物进行扩增,形成双链的"桥",变性后得到与 flow cell 相连的两条互补的单链 DNA 分子再进行第二次 PCR,完成 28 次循环的桥式 PCR。将双链"桥"变性为单链,对 P5 接头上的切割位点进行切割并冲走与 P5 接头相连的那条 DNA 链,用 3′-OH 阻断使产物线性化,最后将测序引物(read)杂交到文库的接头上准备上机测序。

四、illumina 测序

向反应体系中同时添加 DNA 聚合酶、接头引物和带有碱基特异荧光标记的 4 种 dNTP(如同 sanger 测序法)。这些 dNTP 的 3′-OH 被化学方法所保护因而每次只能添加一个 dNTP。在 dNTP 被添加到合成链上后,所有未使用的游离 dNTP 和 DNA 聚合酶会被洗脱掉。接着,再加入激发荧光所需的缓冲液,用激光激发荧光信号,并由光学设备完成荧光信号的记录,最后利用计算机分析将荧光信号转化为碱基测序。这样荧光信号记录完成后,再加入化学试剂淬灭荧光信号并去除 dNTP 3′-OH 保护基团,以便能进行下一轮的测序反应。

原始数据处理:

① 数据过滤:对原始数据下机数据进行过滤(包括去除低质量及宿主 DNA reads),获得 clean data(干净数据,指经过处理加工去掉质量不好的数据后剩下的数据);

② 过滤后得到的 reads 与已测数据库(包括细菌基因组、真菌基因组、古菌基因组等)比对统计,进行物种组成及丰度分析;

③ 组装前评估:组装前使用 k-mer 分析评估样品的测序深度;

④ 组装:使用 SOAP denovo 软件对 clean data 进行组装。

第四节 生物信息学分析

一、测序序列统计与质控

（一）测序序列统计与质控

illumina 测序平台运用第二代测序技术，单次运行能产生数十亿级的 reads，如此海量的数据情况下无法逐个展示每条 read 的质量情况；运用统计学的方法，对所测序列进行统计和质控，可以从宏观上直观地反映出样本的文库构建质量和测序质量。测序原理如图 3-5 所示。

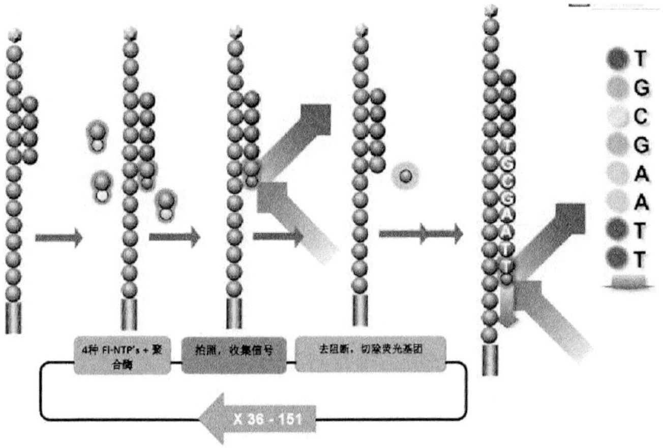

图 3-5 SBS 第二代测序原理

1. 原始序列统计

在测序实验中采用多个样品平行混合测序，各样品中的序列均引入了一段标示其样本来源信息的 index 标签序列。根据 index 序列区分各个样品的数据，提取出的数据以 fastq 格式保存。MP 或 PE 文库的数据结果中，每个样品有 fq1 和 fq2 两个文件，文件内容为测序两端的 reads，并且 reads 的顺序是严格一致、相互对应的。在 fastq 文件中每条序列由 4 行数据组成，其中第一行和第三行为读段识别码（第一行以“@”开头，第三行以“+”开头），第二行为碱基序列，第四行是第二行序列的各碱基所对应的测序质量值。

如下所示：

@HWI-ST531R:D11RDACXX:4:1101:1212:1946 1:N:0:ATTCCT⬅@读段识别码

ATNATGACTACAAGCGCTTCCTCAGTTTA-ATGAAGCTAACTTCAATGCTGAGATCGTTGA⬅碱基序列

+HWI-ST531R:144:D11RDACXX:4:1101:1212:19461:N:0:ATTCCT⬅+读段识别码

? A # AFFDFFHGFFHJJGIJJJIICHIIIIJJGGHIIJJIIJIIJHGI @ FEHIIJBFFHGJJI-IHHHDFFFFDCC⬅测序质量分数

对每一个样本的原始测序数据进行测序相关质量评估，包括碱基质量分布统计和 A/T/G/C 碱基含量分布统计。

(1) 碱基质量分布统计

测序的错误率与碱基的质量有关，受测序仪本身、测序试剂、样品等多个因素共同影响。通过公式计算，可以得出一个综合的值，即质量值(Q)，用来评估测序的质量。随着测序的进行，酶的活性及其他物质的灵敏度也会下降，因此到达一定测序长度后，Q 值也会随之下降。

(2) A/T/G/C 碱基含量分布统计

碱基含量分布一般用于检测有无 AT、GC 分离现象。对于宏基因组来说，鉴于序列打断的随机性和 G/C、A/T 含量分别相等的原则，理论上每个测序循环中的 GC 含量相等、AT 含量相等(如果是链特异性建库，可能会出现 AT 分离和/或 GC 分离)，且在整个测序过程基本稳定不变，呈水平线。

2. 质控数据统计

由于原始测序数据中会包含测序接头序列、低质量碱基、N(N 表示不确定碱基信息)碱基及长度过短序列，这将严重影响后续分析的质量。所以，在分析之前会先对原始测序数据进行质控，从而得到高质量的质控数据(clean data)以保证后续分析结果的准确性。

使用软件：SeqPrep、Sickle、BWA。

具体步骤及顺序如下：

① 使用软件 Seqprep 剪切序列 3′端和 5′端的 adapter 序列；

② 使用软件 Sickle 去除质量剪切后长度小于 50 bp、平均质量值低于 20 以及含 N 碱基的 reads，保留高质量的 pair-end reads 和 single-end reads；

③ 如果在进行数据分析之前，确认需要对样本进行宿主剔除(比如人或

动物的粪便样本)，而且该宿主本身的基因组已被发表，则通过软件 BWA 将 reads 比对宿主 DNA 序列，并去除比对相似性高的污染 reads。

二、序列组装和基因预测

质控后得到的序列是短片段序列，需要进行组装。

三、基因集构建与丰度计算

1. 非冗余基因集构建

环境中所有基因的整体信息可以通过构建一个非冗余基因集来进行描述，也就是将所有样品预测出来的基因序列，用 CD-HIT 软件(http://www.bioinformatics.org/cd-hit/)进行聚类(默认参数为：95% identity、90% coverage)，每个类取最长的基因作为代表序列，构建非冗余基因集，从而可以探究不同样本之间的共性和差异。在这一步，可以获得的结果有去冗余前后基因数目和长度统计表、非冗余基因集基因的碱基序列、非冗余基因集基因的氨基酸序列。

2. 基因丰度计算

使用 SOAPaligner 软件(http://soap.genomics.org.cn/)，分别将每个样品的高质量 reads 与非冗余基因集进行比对(默认参数为：95% identity)，统计基因在对应样品中的丰度信息。

基因丰度计算方法：

① reads number：基因丰度以所包含的 reads 数计算；

② reads number_relative：基因丰度以所包含的 reads 百分比计算；

③ reads number/gene length：基因所包含的 reads 数除以该基因长度；

④ (reads number/gene length)_relative：基因所包含的 reads 数除以该基因长度的百分比；

⑤ RPKM：每一百万条序列中，每个基因以一千个碱基为单位，比对上的 reads 条数；

⑥ TPM：[(reads number/gene length)_relative]×1 000 000，即基因所包含的 reads 数除以该基因长度的百分比的 100 万倍。

四、物种与功能注释

1. NR 物种注释

NR 数据库：非冗余蛋白质的氨基酸序列数据库，包含 SwissProt、PIR（protein information resource）、PRF（protein research foundation）、PDB（protein data bank）蛋白质数据库非冗余的数据以及从 GenBank 和 RefSeq 的 CDS 数据翻译来的蛋白质数据。

使用 BLASTP（BLAST Version 2.2.28＋）将非冗余基因集与 NR 数据库进行比对（BLAST 比对参数设置期望值 e-value 为 1e-5），并通过 NR 库对应的分类学信息数据库获得物种注释结果，然后使用物种对应的基因丰度总和计算该物种的丰度，并在 domain（域）、kingdom（界）、phylum（门）、class（纲）、order（目）、family（科）、genus（属）、species（种）各个分类学水平上统计物种在各个样品中的丰度，从而构建相应分类学水平上的丰度表（abundance profile）。

2. COG 功能注释

EggNOG（evolutionary genealogy of genes：non-supervised orthologous groups）数据库是受广泛认可的直系同源类群专业注释数据库，包括 COG/KOG /arCOG 功能分类，以及分类学功能注释。

使用 BLASTP（BLAST Version 2.2.28＋）将非冗余基因集序列与 eggNOG 数据库进行比对（BLAST 比对参数设置期望值 e-value 为 1e-5），获得基因对应的 COG（clusters of orthologous groups of proteins，直系同源蛋白簇），然后使用 COG 对应的基因丰度总和计算该 COG 的丰度。

3. KEGG 功能注释

KEGG 数据库（Kyoto encyclopedia of genes and genomes）是系统分析基因功能，联系基因组和功能信息的大型知识库。KEGG genes 数据库提供基因和蛋白质序列信息；KEGG pathway 数据库包括各种代谢通路、合成通路、膜转运、信号传递、细胞周期以及疾病相关通路等；KEGG ligand 数据库收录了各种化学分子、酶以及酶促反应等相关信息；KEGG module 数据库是 KEGG 收集的一系列功能单元，用于基因组注释和生物学解释；KEGG orthology（KO）是直系同源的分类系统，可以把序列和功能相似的基因归为一类，用已知基因的功能作为这个 KO 的功能进行跨物种注释。

使用 BLASTP（BLAST Version 2.2.28＋）将非冗余基因集序列与 KEGG 的基因数据库（genes）进行比对，BLAST 比对参数设置期望值 e-value 为 1e-5。根据比对结果使用 KOBAS 2.0(KEGG orthology based annotation system)进行功能注释。使用 KO、pathway、EC、module 对应的基因丰度总和计算该功能类别的丰度。

4. CAZy 碳水化合物活性酶注释

碳水化合物活性酶(carbohydrate-active enzymes,CAZyme)是一大类很重要的酶,分为糖苷水解酶类、糖基转移酶类、多糖裂解酶类以及糖酯酶类等,具有降解、修饰及生成糖苷键的功能。深入开展 CAZyme 研究,对于揭示微生物碳水化合物的代谢机制具有非常重要的意义。碳水化合物活性酶数据库(CAZy)是关于合成或分解复杂碳水化合物和糖复合物酶类的专业数据库,根据蛋白质结构域中氨基酸序列的相似性,可将不同物种来源的碳水化合物活性酶分成糖苷水解酶(glycoside hydrolases,GHs)、糖基转移酶(glycosyltransferases,GTs)、多糖裂合酶(polysaccharide lyases,PLs)、碳水化合物酯酶(carbohydrate esterases,CEs)、碳水化合物结合模块(carbohydrate-binding modules,CBMs)、辅助氧化还原酶(auxiliary activities,AAs)等六大类蛋白质家族。

使用 CAZy 数据库的对应工具 hmmscan 将非冗余基因集与 CAZy 数据库 V5.0 进行比对,比对参数设置期望值 e-value 为 1e-5,获得基因对应的碳水化合物活性酶注释信息,然后使用碳水化合物活性酶对应的基因丰度总和计算该碳水化合物活性酶的丰度。

5. ARDB 抗生素抗性基因注释

抗生素在有害微生物的防治中发挥着重要作用,然而,随着抗生素的大量滥用,微生物通过获得抗性基因或自身的基因变异对抗生素产生抗性。目前,抗生素抗性(antibiotic resistance)已经成为全世界公共卫生的重要威胁。抗生素抗性基因数据库(ARDB)收集了不同环境来源(如肠道、生活废水、河流等)的细菌抗药性基因及其抗性谱、作用机制、本体论、COG 和 CDD 等注释信息,为研究药物作用、环境治理提供研究依据。

使用 BLASTP(BLAST Version 2.2.28+)将非冗余基因集与 ARDB 数据库进行比对,比对参数设置期望值 e-value 为 1e-5,获得基因对应的抗生素抗性功能注释信息,然后使用抗生素抗性功能对应的基因丰度总和计算该抗生素抗性功能的丰度。

6. CARD 抗生素抗性基因注释

综合的抗生素抗性基因数据库(comprehensive antibiotic resistance database,CARD),广泛包含来自各种生物体、基因组、质粒的抗生素抗性相关的参考基因，可用于指导环境、人体、动物菌群耐药组和抗生素抗性机制研究。CARD 数据库按照功能可把序列分为四大类：AR（antibiotic resistance）表示抗生素抗性基因，即能直接抵抗抗生素；AS（antibiotic sensitive）表示基因通过发生突变、敲除等方式，而赋予菌株抗生素抗性；AT（antibiotic target）表示抗生素作用靶点结合基因，与抗生素作用靶点结合后，能实现抵抗抗生素的作用；ABS（antibiotic biosynthesis）表示抗生素生物合成相关基因。

使用 BLASTP 软件，把非冗余基因集与 CARD 数据库进行比对，比对参数设置为"严格（strict）"比对。将目标物种的基因与其耐药功能注释信息结合，获得注释结果。

7. VFDB 毒力因子注释

来源于微生物，并对微生物自身侵染和引起特定宿主疾病具有促进作用的物质称为毒力因子（virulent factor），主要包括细菌毒素、调节细菌黏附作用的细胞表面蛋白、对细菌本身具有保护作用的蛋白、细胞表面碳水化合物以及具有细菌致病性的水解酶等。毒力因子数据库 VFDB，是一个全面的一体化的病原菌毒力因子信息管理网络数据库。

使用 BLASTP（BLAST Version 2.2.28＋）将非冗余基因集与 VFDB 核心数据库进行比对，比对参数设置期望值 e-value 为 1e-5，获得基因对应的毒力因子基因功能注释信息，将没比对上的序列再次比对 VFDB 预测数据库。

第四章 宏转录组学技术

在地球生物圈中，微生物扮演着极为重要的角色，它们的活动影响着自然环境的营养循环、土壤肥力、有机质的分解，以及物种与能量之间的交换。人类对微生物的研究从 Antonivan Leeuwenhoek 发明显微镜开始的数百年中，主要基于纯培养的研究方式，而在数以万亿计的微生物种类中，仅0.1%～1%的物种可培养，这极大地限制了对微生物多样性资源的研究和开发。

宏转录组学(metatranscriptomics)兴起于宏基因组之后，从整体水平上研究某一特定环境、特定时期群体生命全部基因组转录情况以及转录调控规律，它以生态环境中的全部 RNA 为研究对象，避开了微生物分离培养困难的问题，能有效地扩展微生物资源的利用空间。2006 年，Leiniger 等首次使用 454 测序技术对一个复杂微生物群落的宏转录组进行研究。与宏基因组学相比较，宏转录组学能从转录水平研究复杂微生物群落变化，能更好地挖掘潜在的新基因。近年来，随着测序技术和信息技术的快速发展，利用新一代测序(next generation sequencing)技术研究宏转录组，能快速准确地得到大量生物数据和丰富的微生物研究信息，从而成为研究微生物多样性和群落特征的重要手段。如致力于研究微生物与人类疾病健康关系的人体微生物组计划(HMP，human microbiome project)，研究全球微生物组成和分布的全球微生物组计划(EMP，earth microbiome project)都主要利用高通量测序技术进行研究。

宏转录组测序(metatranscriptomic sequencing)技术通过对特定时期、特定环境样品中所有微生物群落的转录本进行大规模高通量测序，可以直接获得环境中可培养和不可培养的微生物转录组信息。这种技术不仅具有宏基因组技术的全部优点，可以检测环境中的活性微生物、活性转录本以及对活性功能进行研究，还可以比较不同环境下的差异表达基因和差异功能途径，揭示微生物在不同环境压力下的适应机制，探索环境与微生物之间的互作机理。

第一节　RNA 的提取与纯化

一、RNA 酶污染的控制

在提取和纯化 RNA 时控制核糖核酸酶（RNA 酶）的污染是成功的关键。为防止 RNA 酶的污染，实验中所有的实验器皿都需要处置，并在操作时戴手套，因为手是 RNA 酶的主要来源。

为获得高质量的全长 RNA，必须使用 RNA 酶的抑制剂。RNA 酶很稳定，在实验中只要有等量的 RNA 酶就会在 RNA 相关实验中破坏 RNA，导致实验的失败。为避免 RNA 酶的污染，介绍下述内容作为解决此问题的实验方法。

（一）RNA 酶抑制剂

1. 氧钒核糖复合物

它是由氧钒离子和 4 种核糖核酸中的某一种复合物形成的过滤类似物，其通过与多种 RNA 酶结合可使 RNA 酶的活性完全丧失。这 4 种氧钒核糖复合物可加入完整细胞中，提取和纯化 RNA 所需的浓度为 10 mmol/L，该复合物具有强烈抑制 mRNA 在元细胞气体中的翻译作用，故在应用前必须用含 0.1%羟基啉的苯酚（用 0.01%mol/L Tris-HCl pH 7.8，平衡）多次抽提以从最终产物中将其除去。

2. 硅藻土（macaloid）

这是一种黏土，用缓冲液将其制成浆液，以 0.015%（*W*/*V*）的终浓度溶解细胞。这种黏土与它所吸附的 RNA 酶在纯化 RNA 过程中（如酚抽提后）经离心去除。

3. RNA 酶的蛋白质抑制剂

它是从人胎盘中分离出的一种蛋白质。该制剂在体内可能是血管生成素的抑制剂，而血管生成素是氨基酸片剂和推测的三级结构与胰 RNA 酶类似的一种血管生成因子。此蛋白质可与多种 RNA 酶紧密结合形成非共价结合的等摩尔复合物，使 RNA 酶失活。在使用变性剂裂解哺乳动物细胞提取 RNA 的初始步骤中不应使用这种抑制剂。因为该制剂反复冻融或置于氧化条件下会使蛋白质变性从而释放出结合的 RNA 酶。由于酶抽取可以去除蛋白质抑制剂，应在纯化过程中补充几次抑制剂，RNA 酶的蛋白质抑制剂不干扰逆转录或 mRNA 在无细胞体系中的翻译，它发挥最大活性的条件是需要有巯基试剂。

（二）控制污染的方法

1. 实验操作人员的问题

由于实验人员的手是 RNA 酶主要的污染途径之一，所以在 RNA 的分离，纯化 RNA 的分析溶液和材料以及所能涉及的与 RNA 检测相关的所有实验操作过程中，都应戴一次性手套，手套上不应有滑石粉。在接触某些“不洁”的各种实验器皿及相关的物品中 RNA 酶的污染可能更多，应及时更换手套，以避免污染。

2. 实验用相关材料的处理

实验中所用到的与 RNA 相关的实验中所涉及的玻璃器皿、塑料制品都需去除污染的 RNA 酶。

(1) 普通玻璃器皿和塑料制品使用前必须于 180 ℃干烤 8 h 或更长时间(玻璃器皿)，或用氯仿冲洗。

(2) 用 0.1%焦碳酸二乙酯(DEPC)水溶液浸泡烧杯、试管和其他用品。DEPC 是 RNA 酶的强烈抑制剂，其作用并不是绝对的。灌满 DEPC 的器皿在 37 ℃置 2 h，然后用无菌水淋洗多次，并在 100 ℃干烤 15 min。在 1.034×10^5 Pa 高压下蒸气灭菌 15 min。上述处理可去除器皿上的 DEPC，以防 DEPC 通过羧甲基化作用对 RNA 的嘌呤碱基进行修饰。另 DEPC 会与 Tris 发生化学反应而失效，因此 DEPC 处理会使 Tris 的溶液效果不好。近年来已采用 Erasol™代替 DEPC，而且使用时进行直接喷雾处理即可。

(3) 电泳槽常用于 RNA 电泳，应用去污剂洗净，再用水冲洗，乙醇干燥，然后再灌满 3%的 H_2O_2溶液，室温 10 min，然后用 0.1%DEPC 处理的水彻底冲洗电泳槽。由于 DEPC 可能有致癌作用，故在操作时应小心。无菌的一次性使用的塑料制品基本上无 RNA 酶，可以不经处理直接用于 RNA 相关实验。

3. 污染的溶液

用干烤的药匙称取试剂，将溶液装入无 RNA 酶的玻璃容器中，用高压无菌的水或无 RNA 酶污染的专用液体配制溶液。溶液均应用 0.1%DEPC 于 37 ℃至少处理 12 h，后在 100 ℃加热 15 min 或高压蒸气灭菌(1.034×10^5 Pa)15 min。

二、总 RNA 的异硫氰酸胍提取法

1. 原理

异硫氰酸胍能在裂解细胞的同时抑制 RNA 酶活性，与较强的还原剂β-巯基乙醇和表面活性剂合用可从组织中制备完整的具有生物活性的 RNA，且产量很高。细胞悬浮在异硫氰酸胍溶液中经组织匀浆器裂解后，将裂解液铺在氯化铯溶液的顶层，然后超速离心。结果，蛋白质留在含异硫氰酸胍的水溶液中，DNA 在氯化铯溶液中形成带，离心管底部是一团 RNA。

2. 试剂

(1) 4 mol/L 异硫氰酸胍溶液。用 0.5% *N*-十二烷基肌氨酸钠，25 mmol/L枸橼酸钠溶液配制，1 mol/L NaOH 调 pH 值至 7.0，用 0.22 μm 滤膜滤除不溶解物质。该液存于棕色瓶中，4 ℃仅稳定数天，因此应现用现配，使用前加热至 37 ℃，然后冷却至室温，加入 2-ME 至终浓度为 2%。

(2) DEPC 处理的 5.7 mol/L 氯化铯溶液(0.96 μg/mL)。

(3) PBS、pH 值为 7.0 的 3 mol/L NaAc。

(4) 100%和 70%乙醇、经 DEPC 处理的水。

3. 步骤

(1) 处理样品：

由于环境微生物有其特殊的细胞结构，使用酶溶破碎法(enzymelysis)处理样品。利用溶解细胞壁的酶处理菌体细胞，使细胞壁受到部分或完全破坏后，再利用渗透压冲击等方法破坏细胞膜，进一步增大胞内产物的通透性。

(2) 在细胞沉淀中加 5 倍体积的 4 mol/L 异硫氰酸胍溶液，在匀浆器中充分匀浆。

(3) 在一个广口超离心管中加入约 3 mL 5.7 mol/L 氯化铯溶液，把匀浆液仔细铺在该溶液的顶部。用异硫氰酸胍溶液平衡离心管，于室温以 35 000 r/min 离心 16～20 h，RNA 沉淀于管底。

(4) 转移出管内溶液，并将离心管倒置，以便让残留的溶液流出。

(5) 用 200 μL 经 DEPC 处理的水溶解超离心管管底的 RNA，将其转移到一个微量离心管中，在 60 ℃保温 30 min 以促进 RNA 的溶解。

(6) 加入 1/10 体积 3 mol/L NaAc 和 2 倍体积无水乙醇，混合后贮存于 −70 ℃。

(7) 使用前以 12 000 r/min 离心 10 min，并用 70%乙醇洗沉淀，抽干，

用适量 DEPC 处理的水溶解沉淀，贮存于－70 ℃备用。

4. 注意事项

RNA 溶液的 A260/A280 比值应为 1.7～2.0，低于该值表明存在蛋白质污染，可重新用酚/氯仿抽提；高于该值，提示有异硫氰酸胍残留，可用 70％乙醇洗涤 2 次。

三、RNA 纯化及获得

RNA 样品中不应存在对酶（如逆转录酶）有抑制作用的有机溶剂和过高浓度的金属离子，以避免其他生物大分子如蛋白质、多糖和脂类分子的污染，排除 DNA 分子的污染。用试剂盒去除 rRNA。

1. 有机溶剂抽提法

（1）氯仿抽提

在使用 RNA 提取试剂进行 RNA 提取时，常使用氯仿进行抽提，以去除蔗糖、蛋白等杂质，并促进水相与有机相的分离，从而达到纯化 RNA 的方法。

（2）沉淀

氯仿抽提 RNA 后，一般采用异丙醇或乙醇来沉淀水相 RNA。加入 0.6 倍水相体积的异丙醇或与水相等体积的异丙醇，室温沉淀 20～30 min，高速离心，可获得 RNA 沉淀。

（3）洗涤沉淀

加入无 RNase 的 75％乙醇，将 RNA 沉淀振荡悬浮，使 RNA 沉淀中的盐离子被充分溶解。然后再离心 10～30 min，再次沉淀 RNA。离心后，小心倒掉上清（注意不要倒出 RNA 沉淀），随后快速离心 1～2 s，将残留在管壁上的乙醇收集到管底后，用小枪头吸净，超净台中风干 1～2 min（注意不要晾得太干，否则 RNA 沉淀不易溶解）。

（4）溶解沉淀

加入适量 RAN 酶的双蒸水溶解 RNA 沉淀。

2. 硅基质吸附法

随着实验方法的改进，现已发展出一种采用吸附材料纯化核酸的方法。目前较常见的有硅基质吸附材料、阴离子交换树脂和磁珠等。硅基质吸附材料因其具有可特异吸附核酸，具有使用方便、快捷，不使用有毒溶剂如苯酚、氯仿等优点，成为核酸纯化的首选。

四、RNA 评价与鉴定

提取得到 RNA 溶液后，我们需要对 RNA 进行相关的质量检测，以确定它是否符合后续实验的要求。RNA 用于不同的后续实验，对其质量要求不尽相同。cDNA 文库构建要求 RNA 完整且无酶等抑制物残留；Northern blot 实验对 RNA 完整性要求较高，对酶反应抑制物残留要求较低；RT-PCR 实验对 RNA 完整性要求不太高，但对酶反应抑制物残留要求严格。因此在进行不同的实验时应选择不同的方法纯化 RNA，以达到最佳的实验效果。

1. RNA 得率检测——分光光度计法

RNA 得率有很强的组织特异性，不同组织 RNA 的丰度和 RNA 提取的难易程度共同决定了该种组织的 RNA 得率。一般来说，可通过分光光度计测定 RNA 溶液在 260 nm 处的吸光值来计算 RNA 的含量。RNA 溶液在 260、320、230、280 nm 下的吸光度分别代表了核酸、溶液浑浊度、杂质浓度和蛋白等有机物的吸收值。用标准样品测得在波长 260 nm 处，1 μg/mL RNA 钠吸光度 0.025（光程为 1 cm），即 $OD_{260}=1$ 时，样品中 RNA 浓度为 40 μg/mL。通常分光光度计 OD_{260} 的读数要介于 0.15～1.0 之间才是可靠的。因此 RNA 提取结束后，要根据大概产量稀释到适当浓度范围，再用分光光度计检测。按下面的共识计算总 RNA 浓度：

$$\text{总 RNA 浓度}(\mu g/mL)=OD_{260}\times\text{稀释倍数}\times 40\ \mu g/mL$$

2. RNA 纯度检测——分光光度计法

通过 $OD_{260/280}$ 来检测 RNA 纯度，$OD_{260/230}$ 作为参考值。

$OD_{260/280}$ 在 1.9～2.1 之间，可以认为 RNA 的纯度较好；

$OD_{260/280}$ 值小于 1.8，则表明蛋白杂质较多；

$OD_{260/280}$ 值大于 2.2，则表明 RNA 已经降解；

$OD_{260/230}$ 值小于 2.0，则表明裂解液中有异硫氰酸胍和 β-巯基乙醇法残留。

注意：如果用 TE 溶解或洗脱 RNA，会使 $OD_{260/280}$ 值偏大。

第二节 构建转录组文库

一、表达序列标签测序(EST)

1. 原理

EST 是从一个随机选择的 cDNA 克隆进行 5′端和 3′端单向一次测序获得的短的 cDNA 部分序列,代表一个完整基因的一小部分,在数据库中其长度一般为 20～7 000 bp 不等,平均长度 360±120 bp。EST 来源于一定环境下的一个群落 mRNA 所构建的 cDNA 文库,因此也能说明该群落基因的表达水平。EST 原理如图 4-1 所示。

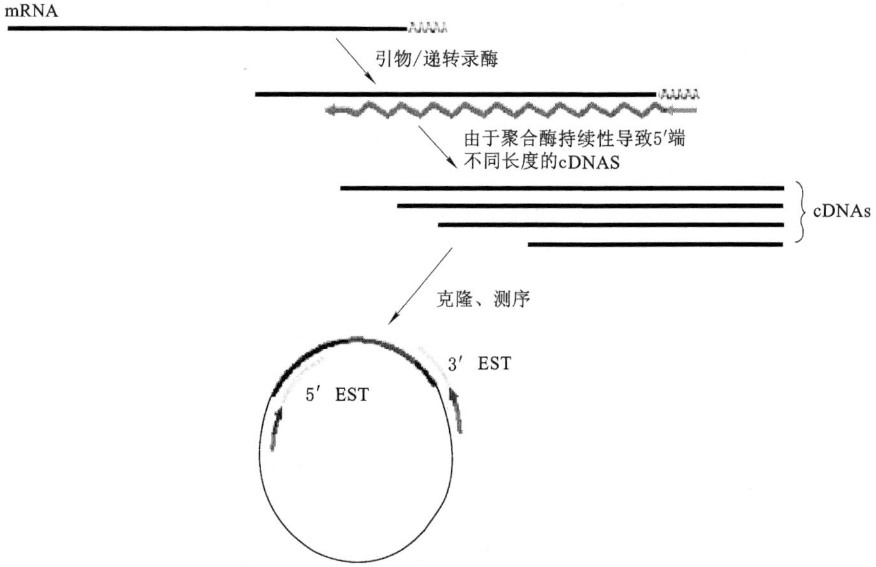

图 4-1 EST 原理

2. EST 相关数据库

储存 EST 原始数据的一级数据库有 EMBL、GenBank(dbEST)和 DDBJ。

对 EST 进行聚类拼接的二级数据库有:UniGene、TIGR Gene Indices。

3．操作流程

操作流程包括：① 环境样品 mRNA 的提取；② 逆转录合成 cDNA；③ 构建 cDNA 文库；④ 测序。

首先从样品组织中提取 mRNA，在逆转录酶的作用下用 Oligo-dT 作为引物进行 RT-PCR 合成 cDNA，再选择合适的载体构建 cDNA 文库，对各菌株加以整理，将每一个菌株的插入片段根据载体多克隆位点设计引物进行两端一次性自动化测序，这就是 EST 序列的产生过程。

在构建 cDNA 文库时，经典的 cDNA 文库是用 Oligo-dT 做逆转录引物，或者用随机引物，给所合成的 cDNA 加上适当的连接接头，连接到适当的载体中获得文库。而抑制性差减 cDNA 文库是根据 cDNA 扣除杂交(SSH)的方法，使序列在退火时产生类似于"锅柄"的结构，无法与引物配对，选择性地抑制了非目的基因片段的扩增。同时，运用了杂交二级动力学原理，即丰度高的单链 cDNA 在退火时产生同源杂交的速度要快于丰度低的单链 cDNA，从而使原来在丰度上有关别的单链 cDNA 相对含量达到基本一致。

4．ESTs 的应用

ESTs 已被广泛地应用于基因识别，因为 ESTs 的数目比 GenBank 中其他的核苷酸序列多，研究人员更容易在 EST 库中搜寻到新的基因。EST 没有内含子的存在，因此在 cDNA 及基因组模板中其 PCR 产物的大小相同，且与编码区具有很强的保守性不同，3′URTs 序列的保守性较差，因此很容易将单个基因与编码序列关系非常紧密的相似基因家族成员分开，所以 ESTs 可以借助于序列标签位点(sequence-tagged-sites)用于基因图谱的构建。由于 EST 来源于 cDNA，因此每一条 EST 均代表了文库建立时所采样品特定发育时期和生理状态下的一个基因的部分序列。使用合适的比对参数，大于 90%的已经注释的基因都能在 EST 库中检测到。ESTS 可以作为其他基因测算法的补充，因为它们对预测基因的交替剪切和 3′-非翻译区很有效。

二、基因表达系列分析(SAGE)

1．原理

SAGE 是通过快速和详细分析成千上万个 EST 来寻找出表达丰富度不同的 SAGE 标签序列。此方法中，通过限制性酶切可产生非常短的 cDNA 标签，并通过 PCR 扩增和连接，随后对连接体进行测序。

2. 操作流程

(1) 以 dT 为引物反转录合成 cDNA,以锚定酶切。

(2) 将 cDNA 等分为 A、B 两部分,分别连接接头 A、B,每种接头都含有标签酶酶切位点。

(3) 标签酶酶切产生连有接头的端 cDNA 片段,混合并连接两个端 cDNA 片段,构成双标签后以引物 A 和 B 扩增。

(4) 锚定酶切割扩增产物,抽提双标签片段并克隆、测序。

(5) 对标签数据进行处理。

三、特征序列的大规模平行测序(MPSS)

1. 原理

MPSS 是以 DNA 测序为基础的大规模高通量基因分析新技术,通过标签库的建立、微珠与标签的连接、酶切连接反应和生物信息学分析等步骤,获得基因表达序列。

2. 操作流程

(1) 以寡核苷酸引物 oligo-dT,mRNA 为模板合成 cDNA 双链。

(2) 限制性内切酶消化 cDNA 片段,纯化消化的 cDNA 片段。

(3) 将纯化的 cDNA 片段重组到含有标签序列的载体中,并通过标签上的 PCR 引物扩增插入片段。酶切 PCR 产物,生成含 cDNA 片段与标签相连接的产物。将 cDNA 模板连接到微球体上。

(4) cDNA 序列测定。

四、全长 cDNA 文库构建

1. 原理

用 Oligo(dT)作为逆转录引物,或者用随机引物,给所合成的 cDNA 加上适当的连接接头,连接到适当的载体中获得 cDNA 文库。

2. 操作流程

(1) mRNA 的提纯。

(2) cDNA 第一条链的合成。

(3) cDNA 第二条链的合成。

(4) 双链 cDNA 的修饰。

(5) 双链 cDNA 的分子克隆。

(6) cDNA 文库的扩增。

(7) F、cDNA 文库的鉴定评价。

第三节 转录组测序

一、技术原理

把高通量测序技术应用到由 mRNA 逆转录生成的 cDNA 上，从而获得来自不同基因的 mRNA 片段在特定环境样本中的含量。该技术首先将细胞中的所有转录产物反转录为 cDNA 文库，然后将 cDNA 文库中的 DNA 随机剪切为小片段(或将 DNA 片段化再反转录)，所得序列通过比对(有参考基因组)或从头组装(无参考基因组)形成全基因组范围的转录谱。

二、操作流程

1. 样品 RNA 准备

样品检测合格后，通过试剂盒去除 rRNA。随后加入 fragmentation buffer 将 mRNA 打断成短片段，以 mRNA 为模板，用六碱基随机引物(random hexamers)合成一链 cDNA，然后加入缓冲液、dNTPs 和 DNA polymerase I、RNase H 合成二链 cDNA，再用 AMPure XP beads 纯化双链 cDNA。纯化的双链 cDNA 先进行末端修复、加 A 尾并连接测序接头，再用 AMPure XP beads 进行片段大小选择。最后进行 PCR 扩增，并用 AMPure XP beads 纯化 PCR 产物，得到最终的文库。文库构建完成后，先使用 Qubit2.0 进行初步定量，稀释文库至 2 ng/μL，随后使用 Agilent 2100 对文库的 insert size(插入片段的大小)进行检测，insert size 符合预期后，使用 Q-PCR 方法对文库的有效浓度进行准确定量(文库有效浓度＞2 nm，以保证文库质量)。

2. 测序文库构建

构建步骤如图 4-2 所示。用 oligo-dT 微珠纯化 mRNA，mRNA 片段化处理，反转录反应合成双链 cDNA，双链 cDNA 末端修复及 3′端加 A，用特定测序接头连接 DNA 片段两端，高保真聚合酶扩增构建成功的测序文库，DNA 成簇(cluster)扩增，高通量测序。

三、数据预处理

测序产生的原始数据(raw data)存在一定比例低质量数据，为了保证后

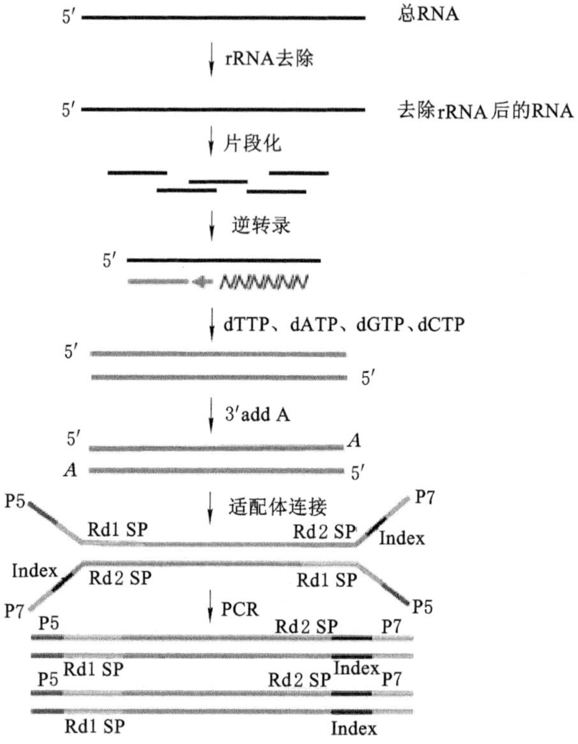

图 4-2 文库构建流程

续分析的结果准确可靠，首先对原始的测序数据进行预处理，获取用于后续分析的有效数据(clean data)。处理步骤如下：

(1) 去除质量值≤5 的碱基数，达到一定比例的 reads (默认 reads 长度的 40%，设置为 40)；

(2) 去除含 N 的碱基数目，达到一定比例的 reads(默认 reads 长度的 10%，设置为 10)；

(3) 去除 Adapter 污染 (默认 Adapter 序列与 reads 序列有 15 bp 的 overlap，设置为 15)；

(4) 在有宿主污染可能性的前提下，需与宿主数据库进行比对，过滤掉可能是宿主污染的 reads(默认设置比对一致性≥90%的 reads 为宿主污染)。

四、De novo 组装

针对每个样品经预处理得到的 clean reads，先使用 NCBI 的 rRNA、tRNA 以及 SILVA 数据库进行比对，分离出来宏基因组中 rRNA 序列，剩下的 mRNA 序列则使用拼接软件 Trinity 分别进行从头组装，然后对所有样品的序列整合并使用 CD-HIT-EST 去冗余（设定序列一致性阈值为 0.95），得到 unigene 集合。

五、物种注释

通过与 Nr(NCBI non-redundant protein sequences)库进行 BLAST 比对(evalue≤1e-5)，由于每一条序列可能会有多个比对结果，得到多个不同的分类级别，为了保证其 生物意义，采取 LCA 算法（应用 MEGAN 软件的系统分类，将出现第一个分支前的分类级别，作为该序列的物种注释信息，从门水平上的相对丰度表出发，选取出在各样品中的最大相对丰度排名前 10 的种类，并将其余的物种设置为 Others，绘制出各样品对应的物种注释结果在门水平的统计图。

六 功能注释

组装得到的转录组与不同功能的注释数据库进行蛋白序列 BLAST 比对后得到功能注释。

由于每一条序列比对结果可能不止一条，为保证后续研究的生物意义，再从每条序列的比对结果进行筛选，并且计算 reference 与 query 中每个基因的覆盖比率 BCR(the BLAST 9 coverage ratio)，保证每条比对记录中的 BCR(Ref.)和 BCR(Que.)大于 40%，然后根据各数据库的特点统计汇总，最终得到对应的功能注释信息。Reference 与 Query 基因的 BCR 值计算公式如下：

$$\text{BCR(Ref.)} = \text{Match}/\text{Length}(R) \times 100\%$$

$$\text{BCR(Que.)} = \text{Match}/\text{Length}(Q) \times 100\%$$

其中 Match 为二者比对有效长度，Length(R)为 reference 基因长度，Length(Q)为 query 基因长度。

1. eggNOG/COG 注释

eggNOG(evolutionary genealogy of genes: non-supervised orthologous groups)数据库是利用 Smith-Waterman 比对算法对构建的基因直系同源簇

(orthologous groups)进行功能注释,eggNOG V3 涵盖了 1 133 个物种的基因,构建了包含 24 类,约 70 万个 orthologous groups,其中约62.5%具有宽泛的功能注释信息。

2. KEGG 注释

KEGG 数据库于 1995 年由 Kanehisa Laboratories 推出 0.1 版,目前发展为一个综合性数据库,其中最核心的为 KEGG Pathway 数据库。该数据库将生物代谢通路划分为 6 类,分别为:细胞过程(cellular processes)、环境信息处理(environmental information processing)、遗传信息处理(genetic information processing)、人类疾病(human diseases)、新陈代谢(metabolism)、生物体系统(organismal systems),其中每类又被系统分类为二、三、四层。第二层目前包括有 43 种子功能;第三层即为其代谢通路图;第四层为每个代谢通路图的具体注释信息。

3. CAZy 注释

CAZy(carbohydrate-active enzymes database)是研究碳水化合物酶的专业级数据库,主要涵盖 6 大功能类:糖苷水解酶(glycoside hydrolases, GHs),糖基转移酶(glycosyl transferases, GTs),多糖裂合酶(polysaccharide lyases,PLs),碳水化合物酯酶(carbohydrate esterases,CEs),辅助氧化还原酶(auxiliary activities, AAs)和碳水化合物结合模块(carbohydrate-binding modules,CBMs)。目前使用的 Version: 2013.3.20 版本中不包含 12 辅助氧化还原酶(auxiliary activities, AAs)功能类的信息。

第五章　蛋白质组与代谢组学技术

环境蛋白质组学(metaproteomics)最初由 Wilmes 和 Bond 命名,指大规模鉴定给定时间和地点的环境样品的整个蛋白组分。基本程序包括:环境中总蛋白的提取、通过一维或二维凝胶电泳或高效液相色谱(HPLC)对蛋白进行分离、质谱分析、数据统计分析,将群落遗传结构与功能结构联系起来,同时也可鉴定蛋白进行反向遗传学研究。

自然界的微生物群落是极其复杂的动态系统,在后基因组时代,基于核酸分析的方法不能够揭示微生物群落的原位功能。大规模研究在生态环境中微生物表达蛋白能提供微生物在生态环境中的功能信息,它有望把微生物群落的遗传和功能多样性联系起来。

第一节　蛋白质的提取与制备

一、原理

蛋白质种类很多,性质上的差异很大,即使是同类蛋白质,因选用材料不同,使用方法差别也很大,且又处于不同的体系中,因此不可能有一个固定的程序适用各类蛋白质的分离。但多数分离工作中关键部分的基本手段还是共同的,大部分蛋白质均可溶于水、稀盐、稀酸或稀碱溶液中,少数与脂类结合的蛋白质溶于乙醇、丙酮及丁醇等有机溶剂中。因此可采用不同溶剂提取、分离及纯化蛋白质和酶。

蛋白质与酶在不同溶剂中溶解度的差异,主要取决于蛋白分子中非极性疏水基团与极性亲水基团的比例,其次取决于这些基团的排列和偶极矩。故分子结构性质是不同蛋白质溶解差异的内因。温度、pH 值、离子强度等是影响蛋白质溶解度的外界条件。提取蛋白质时常根据这些内外因素综合加以利用。将细胞内蛋白质提取出来,并与其他不需要的物质分开。但动物材料中的蛋白质有些以可溶性的形式存在于体液(如血浆、消化硫等)中,可以不必经过提取直接进行分离。蛋白质中的角蛋白、胶原及丝蛋白等不溶性蛋白质,只需要适当的溶剂洗去可溶性的伴随物,如脂类、糖类以及其他可溶性蛋白质,最后剩下的就是不溶性蛋白质。这些蛋白质经细胞破碎后,用水、稀盐酸及缓冲液等适当溶剂,将蛋白质溶解出来,再用离心法除去不溶物,即得粗提取液。水适用于白蛋白类蛋白质的抽提。如果抽提物的pH用适当缓冲液控制时,共稳定性及溶解度均能增加。如球蛋白类能溶于稀盐溶液中,脂蛋白可用稀的去垢剂溶液如十二烷基硫酸钠、洋地黄皂苷(Digitonin)溶液或有机溶剂来抽提。其他不溶于水的蛋白质通常用稀碱溶液抽提。

二、蛋白质类别和溶解性质

白蛋白和球蛋白:溶于水及稀盐、稀酸、稀碱溶液,可被50%饱和度硫酸铵析出。

真球蛋白:一般在等电点时不溶于水,但加入少量的盐、酸、碱则可溶解。

拟球蛋白:溶于水,可用50%饱和度硫酸铵析出。

醇溶蛋白:溶于70%～80%乙醇中,不溶于水及无水乙醇。

壳蛋白:在等电点不溶于水,也不溶于稀盐酸,易溶于稀酸、稀碱溶液。

精蛋白:溶于水和稀酸,易在稀氨水中沉淀。

组蛋白:溶于水和稀酸,易在稀氨水中沉淀。

硬蛋白质:不溶于水、盐、稀酸及稀碱。

缀合蛋白(包括磷蛋白、黏蛋白、糖蛋白、核蛋白、脂蛋白、血红蛋白、金属蛋白和黄素蛋白等):此类蛋白质溶解性质随蛋白质与非蛋白质结合部分的不同而异,除脂蛋白外,一般可溶于稀酸、稀碱及盐溶液中,脂蛋白如脂肪部分露于外,脂溶性则占优势,如脂肪部分被包围于分子之中,水溶性则占优势。

三、蛋白质的提取与纯化

(一)原料的选择

早年为了研究的方便,尽量寻找含某种蛋白质丰富的器官从中提取蛋白质。但目前经常遇到的多是含量低的器官或组织且量也很小,如下丘脑、松果体、细胞膜或内膜等原材料,因而对提取的要求更复杂一些。

原料的选择主要依据实验目的而定。从工业生产角度考虑,注意选含量高、来源丰富及成本低的原料,尽量要新鲜原料。但有时这几方面不同时具备。含量丰富但来源困难,或含量来源均理想,但分离纯化操作繁琐,反而不如含量略低些易于获得纯品者。一般要注意种属的关系,如鲣的心肌细胞色素C较马的易结晶,马的血红蛋白较牛的易结晶。要事前调查制备的难易情况,如利用蛋白质的活性时,对原料的种属应几乎无影响;利用胰蛋白酶水解蛋白质的活性时,用猪或牛胰脏均可。但若研究蛋白质自身的性质及结构时,原料的来源种属必须一定。研究由于病态引起的特殊蛋白质时,不但使用种属一定的原料,而且要取自同一个体的原料。可能时尽量用全年均可采到的原料。对动物生理状态间的差异(如饥饿时脂肪和糖类相对减少),采收期及产地等因素也要注意。

（二）前处理

1. 细胞的破碎

材料选定后通常要对其进行处理,要剔除结缔组织及脂肪组织。如不能立即进行实验,则应冷冻保存。对细胞内及多细胞生物组织中的蛋白质的分离提取均须先将细胞破碎,使其充分释放到溶液中。不同生物体或同一生物体不同的组织,其细胞破坏难易不一,使用方法也不完全相同。如动物胰、肝、脑组织一般较柔软,用普通匀浆器磨研即可,而肌肉及心组织较韧,需预先绞碎再制成匀浆。

(1) 机械方法

机械方法指主要通过机械切力的作用使组织细胞破坏的方法。常用器械有:① 高速组织捣碎机(转速可达10 000 r/min,具高速转动的锋利的刀片),宜用于动物内脏组织的破碎;② 玻璃匀浆器(用两个磨砂面相互摩擦,将细胞磨碎),适用于少量材料,也可用不锈钢或硬质塑料等,两面间隔只有十分之几毫米,对细胞破碎程度较高速捣碎机高,机械切力对分子破坏较小。

小量的也可用乳钵与适当的缓冲剂磨碎提取,也可加氧化铝、石英砂及玻璃粉磨细。但在磨细时局部往往生热导致变性或pH值显著变化,尤其用玻璃粉和氧化铝时。磨细剂的吸附也可导致损失。

(2) 物理方法

物理方法指主要通过各种物理因素的作用,使组织细胞破碎的方法。

① 反复冻融法

在冷藏库或干冰作用下于零下 15～20 ℃使之冻固，然后缓慢地融解，如此反复操作，使大部分细胞及细胞内颗粒破坏。由于渗透压的变化，结合水冻结使组织变性，冰片将细胞膜破碎，使蛋白质可溶化，成为黏稠的浓溶液。

② 冷热变替法

将材料投入沸水中，于 90 ℃左右维持数分钟，立即置于冰浴中使之迅速冷却，使绝大部分细胞被破坏。

③ 超声波法

将材料暴露于 9～10 千周声波或 10～500 千周超声波所产生的机械振动下，细胞被破坏。该法方便且效果好，但一次处理量较小。应用超声波处理时应注意避免溶液中气泡的存在。处理一些超声波敏感的蛋白质酶时宜慎重。

④ 加压破碎法

加一定气压或水压也可使细胞破碎。

(3) 化学及生物化学方法

① 有机溶媒法

粉碎后的新鲜材料在 0 ℃以下加入 5～10 倍量的丙酮，迅速搅拌均匀，可破碎细胞膜，破坏蛋白质与脂质的结合。蛋白质一般不变性，脱脂和脱水后成为干燥粉末。用少量乙醚洗，经滤纸干燥，如脱氢酶等可保存数月而不失去活性。

② 自溶法

将待破碎的鲜材料在一定 pH 和适当的温度下，利用自身的蛋白酶将细胞破坏，使细胞内含物释放出来。利用该法可从胰脏制取羧肽酶。自体融解时需要时间，需加少量甲苯、氯仿等。自体融解过程中 pH 值显著变化，须随时调节 pH 值。自溶温度一般为 0～4 ℃，因自溶时间较长，不易控制，所以制备活性蛋白质时较少用。

③ 酶法

与前述的自体融法同理，用胰蛋白酶等除去变性蛋白质。但须注意的是处理溶菌酶时，它能水解构成枯草菌等菌体膜的多糖类。能溶解菌的酶分布很广，尤其卵白中含量高，而多易结晶化。1 g 菌体加入 1～10 mg 溶菌酶，pH 值为 6.2～7.0，1 h 内可完全溶菌，于生理食盐水或 0.2 mol 蔗糖溶液中溶菌，虽失去细胞膜，但原形质没有脱出。除溶菌酶外，蜗牛酶及纤维素酶也常被选为破坏细菌及植物细胞用。

④ 表面活性剂法

较常用的表面活性剂有十二烷基磺酸钠、氯化十二烷基吡啶及去氧胆酸钠等。

此外一些细胞膜较脆弱的细胞，可把它们置于水或低渗缓冲剂中透析，将细胞胀破。

2. 细胞器的分离

制备某一种生物大分子需要采用细胞中某一部分的材料，或者为了纯化某一特定细胞器上的生物大分子，防止其他细胞组分的干扰，细胞破碎后常将细胞内各组分先行分离，这对于制备一些难度较大需求纯度较高的生物大分子是有利的。尤其近年来分子生物学、分子遗传学、遗传工程等学科和技术的发展，对分布在各种细胞器上的核酸和蛋白质的研究日益增多，分离各种细胞器上的各类核酸和特异性蛋白质已成为生物大分子制备工作的重要内容之一。各类生物大分子在细胞内的分布是不同的。DNA 几乎全部集中在细胞核内，RNA 则大部分分布于细胞质。各种酶在细胞内分布也有一定位置。因此制备细胞器上的生物大分子时，预先须对整个细胞结构和各类生物大分子在细胞内的分布有所了解。

以肝细胞为例，蛋白质、酶及核酸在肝细胞内分布情况为：

细胞核：主要含有去氧核糖核酸(DNA)和组蛋白。另外，还含有少量精蛋白、核酸合成酶系及 RNA。

线粒体：含有进行氧化作用的呼吸链、氧化磷酸化、三羧酸循环及脂肪酸氧化的酶体系、类脂质成分、RNA 及核蛋白体，除此之外，还有各种单核苷酸和辅酶。线粒体还含有自身的基因物质——脱氧核糖核酸，称线粒体脱氧核糖核酸(mtDNA)或称染色体外脱氧核糖核酸，其含量约占一个细胞全部 DNA 的 2%。

内质网：主要是蛋白质合成酶系、羟化酶系，另外囊膜表面有核糖体附着的粗面内质网还含有 RNA，约占细胞内总量的 50%。

溶酶体：含有 50 多种水解酶，包括核酸酶、磷酸脂酶、组织蛋白酶及糖苷及糖苷酶等，用于消化、分解各种内生性或外源性物质。

高尔基氏体：主要是糖苷转移酶、粘多糖及类固醇合成酶系。

细胞膜：载体与受体蛋白、特异抗蛋、ATP 酶、环化腺苷酶、5′-核苷酸酶、琥珀酸脱氢酶、葡萄糖-6-磷酸酶等。

细胞液：含有参与嘧啶和嘌呤代谢、氨基酸合成的酶系、可溶性蛋白类。另外还含有 RNA(主要为 tRNA)，占细胞内总量的 30%。

细胞器的分离一般采用差速离心法。细胞经破碎后,在适当介质中进行差速离心。利用细胞各组分质量大小不同,各组分沉降于离心管内不同区域,对其分离后即得所需组分。细胞器的分离制备、介质的选择十分重要。最早使用的介质是生理盐水。因它容易使亚细胞颗粒发生聚集作用结成块状,沉淀分离效果不理想,现一般改用蔗糖、Ficoll(一种蔗糖多聚物)或葡萄糖-聚乙二醇等高分子溶液。

(三) 水溶液提取

大部分蛋白质均溶于水、稀盐、稀碱或稀酸溶液中。因此蛋白质的提取一般以水为主。稀盐溶液和缓冲溶液对蛋白质稳定性好、溶解度大,是提取蛋白质的最常用溶剂。以盐溶液及缓冲液提取蛋白质须注意以下几个因素。

1. 盐浓度

等渗盐溶液尤以 0.02～0.05 mol/L 磷酸盐缓冲液和碳酸盐缓冲液常用,0.15 mol/L 氯化钠溶液应用也较多,如 6-磷酸葡萄糖脱氢酶用 0.1 mol/L 碳酸氢钠液提取等。有时为了螯合某些金属离子和解离酶分子与其他杂质的静电结合,也常使用枸橼酸钠缓冲液和焦磷酸钠缓冲液。有些蛋白质在低盐浓度下浓度低,如脱氧核糖核蛋白质需用 1 mol/L 以上氯化钠液提取。总之,只要能溶解在水溶液中而与细胞颗粒结合不太紧密的蛋白质和酶,细胞破碎后选择适当的盐浓度及 pH 值,一般是不难提取的。只有某些与细胞颗粒上的脂类物质结合较紧的,需采用有机溶剂或加入表面活性剂处理等方法提取。

2. pH 值

蛋白质提取液的 pH 值首先应保证在蛋白质稳定的范围内,即选择在偏离等电点两侧。如碱性蛋白质则选在偏酸一侧,酸性蛋白质选择偏碱一侧,以增大蛋白质的溶解度,提高提取效果。如细胞色素 C 属碱性蛋白质,常用稀酸提取,肌肉甘油醛-3-磷酸脱氢酶属酸性蛋白质,用稀碱提取。某些蛋白质或酶与其他物质结合常以离子键形式存在,选择 pH 值为 3～6 范围对于分离提取是有利的。

3. 温度

多数酶的提取温度在 5 ℃以下。少数对温度耐受性较高的蛋白质和酶,可适当提高温度,使杂蛋白变性分离,也有利于提取和进一步纯化。如胃蛋白酶等多肽激素类,选择 37～50 ℃条件下提取,效果比低温提取更好。

此外提取酶时加入底物或辅酶,改变酶分子表面电荷分布,也能促进提取效果。

（四）有机溶剂提取

有机溶剂提取用于提取蛋白质的实例至今是不多的。但一些和脂结合较牢或分子中非极性侧链较多的蛋白质，不溶于水、稀盐或稀碱液中，可用不同比例的有机溶剂提取。从一些粒线体（mitochondria）及微粒体（microsome）等含多量脂质物质中提取蛋白质时，采用 Morton 的丁醇法效果较好。因丁醇使蛋白质变性较少，亲脂性强，易透入细胞内部，与水也能溶解，因此具有改善脂质与水之间的表面活性作用，可占据蛋白质与脂质的结合点，阻碍蛋白质与脂质的再结合，使蛋白质在水中溶解能力大大增加。丁醇提取法的 pH 及温度选择范围较广（pH 值为 3～10，温度为 -2～40 ℃）。国内用该法曾成功地提取了琥珀酸脱氢酶。丁醇法对提取碱性磷酸脂酶效果也是十分显著的。胰岛素既能溶于稀酸、稀碱又能溶于酸性乙醇或酸性丙酮中，以 60%～70%的酸性乙醇提取效果最好，一方面可抑制蛋白质水解酶对胰岛素的破坏，同时也达到大量除去杂蛋白的目的。

对于某些与脂质结合的蛋白质和酶，也有采用表面活性剂如胆酸盐及十二烷基磺酸钠等处理。表面活性剂有阴离子型（如脂肪酸盐、烷基苯磺酸盐及胆酸盐等），阳离子型（如氧化苄烷基二甲基铵等）及非离子型（triton X-100、tirton X-114、吐温 60 及吐温 80）等。非离子型表面活性剂比离子型温和，不易引起酶失活，使用较多。对于膜结构上的脂蛋白，已广泛采用胆酸盐处理，两者形成复合物，并带上净电荷，由于电荷再排斥作用使膜破裂。近年来研究膜蛋白使用表面活性剂的稀溶液提取时，较喜欢用非离子型表面活性剂。

（五）对提取物的保护

在各种细胞中普遍存在着蛋白水解酶，提取时要注意防止由它引起的水解。降低提取温度可防止蛋白水解酶的水解。多数蛋白水解酶的最适 pH 值为 3～5 或更高些，因在较低 pH 值条件下可降低蛋白质水解酶引起的破坏程度。低 pH 值可使许多酶的酶原在提取过程中不致激活而保留在酶原状态，不表现水解活力。加入蛋白质水解酶的抑制剂也同样起保护作用，如以丝氨酸为活性中心的酶加二异丙基氟磷酸，以巯基为中心的酶加对氯汞苯甲酸等。提取溶液中加有机溶剂时也能产生相类似的作用。蛋白水解酶的性质变化很大，上述条件均视具体对象而变化。有一些蛋白含巯基，这些巯基可能是活性所必需的。在提取这种蛋白时不要带入金属离子和氧化剂。有某些蛋白质带一些非共价键结合的配基，提取时要注意保护，不要使酸基丢失。

(六) 蛋白质的分离纯化

蛋白质之间的相互分离主要利用它们之间的各种性质的微小差别。诸如分子形状、分子量大小、电离性质、溶解度、生物功能专一性等。蛋白质提取液中,除包含所需要的蛋白质(或酶)外,还含有其他蛋白质、多糖、脂类、核酸及肽类等杂质。

1. 杂质除去的方法

(1) 核酸沉淀法

该法可用核酸沉淀剂和氯化锰、硫酸鱼精蛋白或链霉素等,必要时也可用脱氧核糖核酸酶除去核酸。即在粗匀浆中加入少量 DNase,于 4 ℃保温 30～60 min,可使 DNA 降解为足够小的碎片,使其不影响以后的纯化。

(2) 醋酸铅沉淀法

该法是利用醋酸铅沉淀剂除去杂蛋白。因这些沉淀剂常常使需要的酶(或蛋白质)缓缓变性而失去活性,所以用这类试剂时应迅速进行盐析,使样品与这类试剂脱离接触。

(3) 调 pH 值或加热沉淀法

该法是利用蛋白质酸碱变性性质的差异除去杂蛋白。利用蛋白质的热变性的温度系数差异,可在一定的 pH 值下将蛋白提取液加热到一定的温度,使对热不稳定的杂蛋白变性沉淀而除去。

(4) 选择性变性法

利用各种蛋白质稳定性的不同,可用选择性变性法来除去杂蛋白。例如胰蛋白酶及细胞色素 C 等少数特别稳定的酶,可用 2.5％三氯醋酸处理,此时其他杂蛋白均变性而沉淀,而胰蛋白酶和细胞色素 C 仍留在溶液中。

(5) 透析法

小分子物质常在整个制备过程的多次液相与固相互转化中被分离,或最后用透析法除去。

2. 利用溶解度不同的纯化方法——盐析法

盐析法对蛋白质和酶的提纯应用较早,至今还广泛使用。一般粗抽提物也经常利用该法进行粗分,也有反复用盐析法得到纯的蛋白质的例子。这是由于蛋白质分子内和分子间的电荷的极性基团有静电引力。当水中加入少量盐时,由于盐离子与水分子对蛋白质分子的极性基团的影响,蛋白质在水中溶解度增大。盐浓度增加一定程度时,水的活度降低,蛋白质表面的电荷大量被中和,水化膜被破坏,于是蛋白质相互聚集而沉淀析出。盐析法是根据不同蛋白质在一定浓度盐溶液中溶解度降低程度不同而达到彼此分离的方法。

对于盐的选择，如上所述，蛋白质在水中溶解度取决于蛋白质分子上离子基团周围的水分子数目，即取决于蛋白质的水合程度。因此，控制水合程度，也就是控制蛋白质的溶解度。控制方法最常用的是加入中性盐，主要有硫酸铵、硫酸镁、硫酸钠、氯化钠、磷酸钠等。其中应用最广的是硫酸铵，它的优点是温度系数小而溶解度大（25 ℃时饱和溶解度为 4.1 mol，即 767 g/L；0 ℃时饱和溶解度为 3.9 mol，即 676 g/L）。在这一溶解度范围内，许多蛋白质均可盐析出来，且硫酸铵价廉易得，分离效果较其他盐好，不易引起蛋白质变性。应用硫酸铵时对蛋白氮的测定有干扰，另外缓冲能力较差，故有时也应用硫酸钠，如盐析免疫球蛋白，用硫酸钠的效果也不错，硫酸钠的缺点是 30 ℃以下溶解度太低。其他的中性盐如磷酸钠的盐析作用比硫酸铵好，但也由于溶解度太低，受温度影响大，故应用不广。氯化钠的溶解度不如硫酸铵，但在不同温度下它的溶解度变化不大，这是方便之处。

硫酸铵浓溶液的 pH 值常在 4.5～5.5 之间，市售的硫酸铵还常含有少量游离硫酸，pH 值往往降至 4.5 以下，当用其他 pH 值进行盐析时，需用硫酸或氨水调节。确定沉淀蛋白质所需硫酸铵浓度时，可将少量样品冷却到 0～5 ℃，然后搅拌加入固体硫酸铵粉末，见蛋白质产生沉淀时，离心除去沉淀，分析上清液确定所要蛋白质的浓度，如它仍在溶液中则弃去沉淀，再加更多的硫酸铵于上清液中，直到产生蛋白质沉淀时止。以所要提取的蛋白质在溶液中的浓度对硫酸铵浓度作图，得沉淀曲线，找出蛋白质开始沉淀的浓度。如不考虑收率，饱和度区间可取得窄一些，使纯度高一些。

盐析时注意的几个问题：

（1）盐的饱和度：不同蛋白质盐析时要求盐的饱和度不同。分离几个混合组成的蛋白质时，盐的饱和度常由稀到浓渐次增加。每出现一种蛋白质沉淀进行离心或过滤分离后，再继续增加盐的饱和度，使第 2 种蛋白质沉淀。例如用硫酸铵盐析分离血浆中的蛋白质饱和度达 20%时，纤维蛋白原首先析出；饱和度增至 28%～33%时，优球蛋白析出；饱和度再增至 33%～50%时，拟球蛋白析出；饱和度大于 50%以上时清蛋白析出。用硫酸铵不同饱和度分段盐析法，可从牛胰酸性提取液中分离得到 9 种以上蛋白质及酶。

（2）pH 值：pH 值在等电点时蛋白质溶解度最小且易沉淀析出。因此盐析时除个别特殊情况外，pH 值常选择在被分离的蛋白质等电点附近。由于硫酸铵有弱酸性，它的饱和溶液的 pH 值低于 7，如所要蛋白质遇酸易变性则应在适当缓冲液中进行。

(3) 蛋白质浓度：在相同盐析条件下蛋白质浓度愈高愈易沉淀，使用盐的饱和度的极限也愈低。如血清球蛋白的浓度从0.5%增至3.0%时，需用中性盐的饱和度的最低极限从29%递减至24%。某一蛋白质欲进行两次盐析时，第1次由于浓度较稀，盐析分段范围较宽，第2次则逐渐变窄。例如胆碱酯酶用硫酸铵盐析时，第1次硫酸铵饱和度为35%至60%，第2次为40%至60%。蛋白质浓度高些虽然对沉淀有利，但浓度过高也易引起杂蛋白的共沉作用。因此，必须选择适当浓度，尽可能避免共沉作用的干扰。

(4) 温度：由于浓盐液对蛋白质有一定保护作用，盐析操作一般可在室温下进行。至于某些对热特别敏感的酶，则宜维持低温条件。通常蛋白质盐析时对温度要求不太严格。但在中性盐中结晶纯化时，温度影响则比较明显。

第二节 蛋白质组学

蛋白质组(proteome)的概念最先由 Marc Wilkins 提出，指由一个基因组(genome)，或一个细胞、组织表达的所有蛋白质(protein)。

一、蛋白质组学研究意义

随着人类基因组计划的实施和推进，生命科学研究已进入了后基因组时代。目前功能基因组中所采用的策略，如基因芯片、基因表达序列分析(aerial analysis of gene expression，SAGE)等，都是从细胞中 mRNA 的角度来考虑的，其前提是通过细胞中 mRNA 的水平来间接地反映蛋白质表达的水平。从 DNA、mRNA 到蛋白质，存在三个层次的调控，即转录水平调控(transcriptional control)，翻译水平调控(translational control)，翻译后水平调控(post-translational control)。从 mRNA 角度考虑，实际上仅包括了转录水平调控，并不能全面代表蛋白质表达水平。实验也证明，组织中 mRNA 丰度与蛋白质丰度的相关性并不好，尤其对于低丰度蛋白质来说，相关性更差。更重要的是，蛋白质复杂的翻译后修饰、蛋白质的亚细胞定位或迁移、蛋白质-蛋白质相互作用等几乎无法从 mRNA 水平来判断。蛋白质本身的存在形式和活动规律，如翻译后修饰、蛋白质间相互作用以及蛋白质构象等问题，仍依赖于直接对蛋白质的研究来解决。虽然蛋白质的可变性和多样性等特殊性质导致了蛋白质研究技术远远比核酸技术要复杂和困难得多，但正是这些特性参与和影响着整个生命过程(图 5-1)。

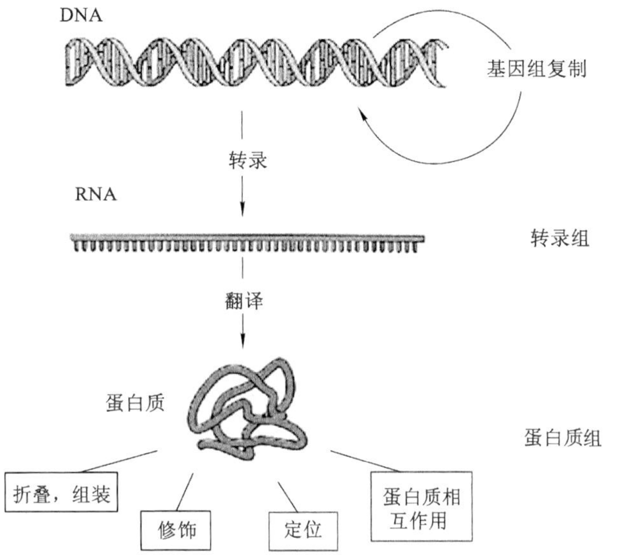

图 5-1 蛋白质的生物功能

传统的对单个蛋白质进行研究的方式已无法满足后基因组时代的要求。这是因为:① 生命现象的发生往往是多因素影响的,必然涉及多个蛋白质。② 多个蛋白质的参与是交织成网络的,或平行发生,或呈级联因果。③ 在执行生理功能时蛋白质的表现是多样的、动态的,并不像基因组那样基本固定不变。因此要对生命的复杂活动有全面和深入的认识,必然要在整体、动态、网络的水平上对蛋白质进行研究。因此在 20 世纪 90 年代中期,国际上产生了一门新兴学科——蛋白质组学(proteomics),它是以细胞内全部蛋白质的存在及其活动方式为研究对象。可以说蛋白质组研究的开展不仅是生命科学研究进入后基因组时代的里程碑,也是后基因组时代生命科学研究的核心内容之一。经典蛋白质组学研究策略如图 5-2 所示。

二、蛋白质组学研究内容

蛋白质鉴定:可以利用一维电泳和二维电泳并结合 Western 等技术,利用蛋白质芯片和抗体芯片及免疫共沉淀等技术对蛋白质进行鉴定研究。

翻译后修饰:很多 mRNA 表达产生的蛋白质要经历翻译后修饰如磷酸化、糖基化、酶原激活等。翻译后修饰是蛋白质调节功能的重要方式,因此

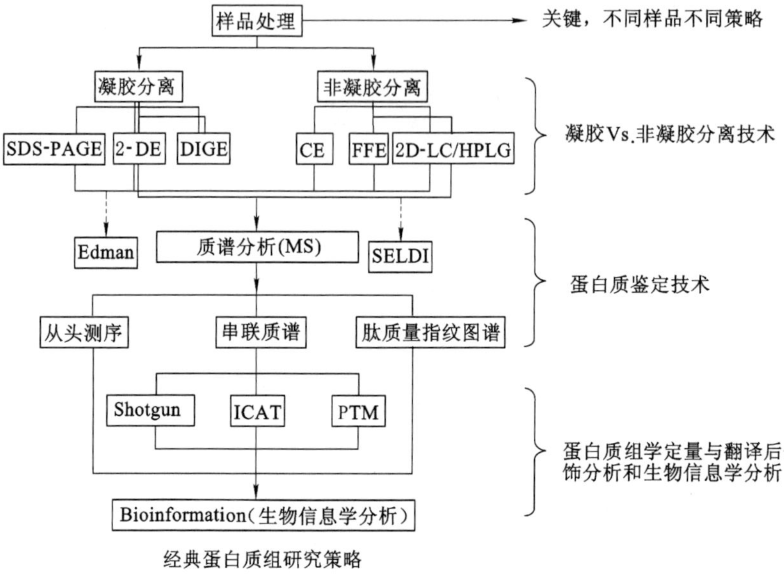

图 5-2　经典蛋白质组学研究策略

对蛋白质翻译后修饰的研究对阐明蛋白质的功能具有重要作用。

蛋白质功能确定：如分析酶活性和确定酶底物，细胞因子的生物分析/配基-受体结合分析。可以利用基因敲除和反义技术分析基因表达产物——蛋白质的功能。

对人类而言，蛋白质组学的研究最终要服务于人类的健康，主要指促进分子医学的发展，如寻找药物的靶分子。很多药物本身就是蛋白质，而很多药物的靶分子也是蛋白质，药物也可以干预蛋白质-蛋白质相互作用。

三、蛋白质组学技术

蛋白质组学技术的发展（图 5-3）已经成为现代生物技术快速发展（图 5-4）的重要支撑，并将引领生物技术取得关键性的突破。为帮助生命科学领域的工作者全面掌握蛋白质组学的技术与方法、实验难点与关键点、研究前沿与热点，目前各大技术平台可提供蛋白组学技术服务，包括双向凝胶电泳、等电聚焦、生物质谱分析及非凝胶技术。

1. 双向凝胶电泳

双向凝胶电泳的原理是第一向基于蛋白质的等电点不同用等电聚焦分离，第二向则按分子量的不同用 SDS-PAGE（十二烷基硫酸钠-聚丙烯酰胺凝

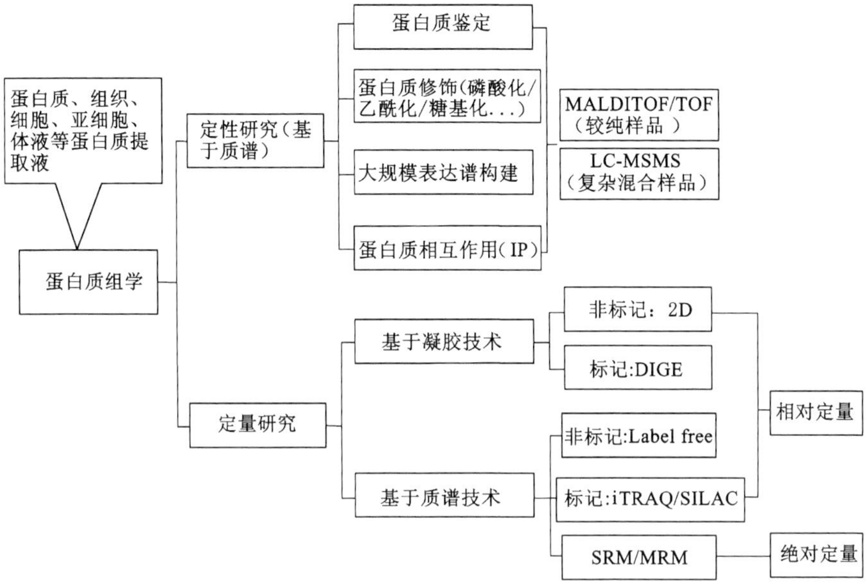

图 5-3 目前蛋白质技术发展现状

胶)分离，把复杂蛋白混合物中的蛋白质在二维平面上分开。由于双向电泳技术在蛋白质组与医学研究中所处的重要位置，它可用于蛋白质转录及转录后修饰研究、蛋白质组的比较和蛋白质间的相互作用、细胞分化凋亡研究、致病机制及耐药机制的研究、疗效监测、新药开发、癌症研究、蛋白纯度检查、小量蛋白纯化、新替代疫苗的研制等许多方面。近年来经过多方面改进已成为研究蛋白质组的最有使用价值的核心方法。

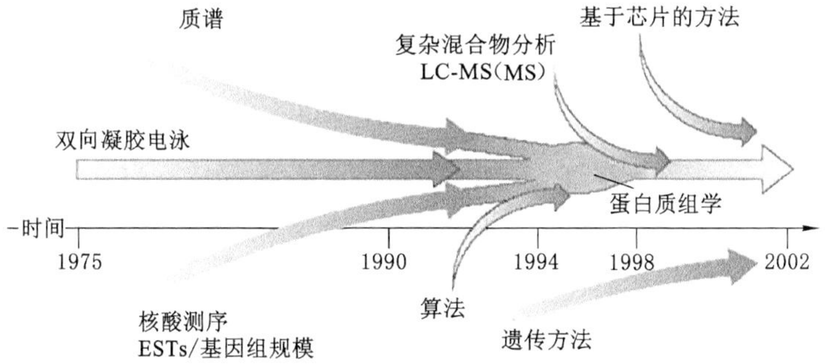

图 5-4 现代生物技术的发展

2. 等电聚焦

等电聚焦(isoelectric focusing,IEF)是60年代中期问世的一种利用有pH梯度的介质分离等电点不同的蛋白质的电泳技术。等电聚焦凝胶电泳依据蛋白质分子的静电荷或等电点进行分离,等电聚焦中,蛋白质分子在含有载体两性电解质形成的一个连续而稳定的线性pH梯度中电泳。载体两性电解质是脂肪族多氨基多羧酸,在电场中形成正极为酸性,负极为碱性的连续的pH梯度。蛋白质分子在偏离其等电点的pH条件下带有电荷,因此可以在电场中移动;当蛋白质迁移至其等电点位置时,其静电荷数为零,在电场中不再移动,据此将蛋白质分离。

3. 生物质谱

生物质谱技术是蛋白质组学研究中最重要的鉴定技术,其基本原理是样品分子离子化后,根据不同离子之间的荷质比(M/E)的差异来分离并确定分子量。对于经过双向电泳分离的目标蛋白质用胰蛋白酶酶解(水解赖氨酸或精氨酸的—C端形成的肽键)成肽段,对这些肽段用质谱进行鉴定与分析。目前常用的质谱包括两种:基质辅助激光解吸电离-飞行时间质谱(MALDI-TOF-MS)和电喷雾质谱(ESI-MS)。

4. 飞行时间质谱

MALDI的电离方式是Karas和Hillenkamp于1988年提出的。MALDI的基本原理是将分析物分散在基质分子(尼古丁酸及其同系物)中并形成晶体,当用激光(337 nm的氮激光)照射晶体时,基质分子吸收激光能量,样品解吸附,基质-样品之间发生电荷转移使样品分子电离。它从固相标本中产生离子,并在飞行管中测定其分子量,MALDI-TOF-MS一般用于肽质量指纹图谱,非常快速(每次分析只需3～5 min)、灵敏(达到fmol水平),可以精确测量肽段质量,但是如果在分析前不修饰肽段,MALDI-TOF-MS不能给出肽片段的序列。

5. 电喷雾质谱(ESI-MS)

ESI-MS是利用高电场使质谱进样端的毛细管柱流出的液滴带电,在N_2气流的作用下,液滴溶剂蒸发,表面积缩小,表面电荷密度不断增加,直至产生的库仑力与液滴表面张力达到雷利极限,液滴爆裂为带电的子液滴,这一过程不断重复使最终的液滴非常细小呈喷雾状,这时液滴表面的电场非常强大,使分析物离子化并以带单电荷或多电荷的离子形式进入质量分析器,从液相中产生离子。一般说来,肽段的混合物经过液相色谱分离后,经过偶联的与在线连接的离子阱质谱分析,给出肽片段的精确的氨基酸序列,但是分析时间一般较长。

目前，许多实验室两种质谱方法联用，获得有意义的蛋白质的肽段序列，设计探针或引物来获得有意义的基因。随着蛋白质组研究的深入，又有多种新型质谱仪出现，主要是在上述质谱仪的基础上进行改进与重新组合。

四、蛋白质测序

1. 概念

当前，所谓蛋白质测序，主要指的是蛋白质的一级结构的测定。蛋白质的一级结构(primary structure)包括组成蛋白质的多肽链数目。很多场合多肽和蛋白质可以等同使用。多肽链的氨基酸顺序是蛋白质生物功能的基础。

蛋白质氨基酸顺序的测定是蛋白质化学研究的基础。自从 1953 年 F. Sanger测定了胰岛素的一级结构以来，现在已经知道约十万个不同蛋白质的一级结构。

2. 测定步骤

① 多肽链的拆分。由多条多肽链组成的蛋白质分子，必须对其先进行拆分。几条多肽链借助非共价键连接在一起，称为寡聚蛋白质，如血红蛋白为四聚体，烯醇化酶为二聚体；可用 8 mol/L 尿素或 6 mol/L 盐酸胍处理，即可分开多肽链(亚基)。

② 测定蛋白质分子中多肽链的数目。通过测定末端氨基酸残基的摩尔数与蛋白质分子量之间的关系，即可确定多肽链的数目。

③ 二硫键的断裂。几条多肽链通过二硫键交联在一起，可在 8 mol/L 尿素或 6 mol/L 盐酸胍存在下，用过量的 β-巯基乙醇处理，使二硫键还原为巯基，然后用烷基化试剂保护生成的巯基，以防止它重新被氧化。

④ 测定每条多肽链的氨基酸组成，并计算出氨基酸成分的分子比。

⑤ 分析多肽链的 N—末端和 C—末端。

多肽链端基氨基酸分为两类：N—端氨基酸(amino-terminal)和 C—端氨基酸(Carboxyl-terminal)。在肽链氨基酸顺序分析中，最重要的是 N—端氨基酸分析法。N 末端分析法有 Sanger 法、Edman 法、DNS-Cl、酶降解法，C 末端分析法有肼解法、酶降解法、硼氢化锂法。

⑥ 多肽链断裂成多个肽段。可采用两种或多种不同的断裂方法将多肽样品断裂成两套或多套肽段或肽碎片，并将其分离开来。

⑦ 测定每个肽段的氨基酸顺序。

⑧ 确定肽段在多肽链中的次序。

利用两套或多套肽段的氨基酸顺序彼此间的交错重叠，拼凑出整条多肽链的氨基酸顺序。

⑨ 确定原多肽链中二硫键的位置。

一般采用胃蛋白酶处理没有断开二硫键的多肽链，再利用双向电泳技术分离出各个肽段，用过甲酸处理后，将可能含有二硫键的肽段进行组成及顺序分析，然后同其他方法分析的肽段进行比较，确定二硫键的位置。

第三节 代谢组学

代谢组学（metabonomics/metabolomics）是效仿基因组学和蛋白质组学的研究思想，对生物体内所有代谢物进行定量分析，并寻找代谢物与生理病理变化的相对关系的研究方式，是系统生物学的组成部分（图 5-5）。是通过考察生物体受刺激或扰动前后大量代谢产物的整体动态变化，进而阐明生物体代谢相关过程的一种组学技术。其研究对象主要是相对分子质量1 000以下的内源性小分子（如：氨基酸、糖、核苷酸、脂肪酸、甾体、肌酸、胆汁酸、维生素、TCA 循环中间产物、糖酵解循环中间产物，等等）。

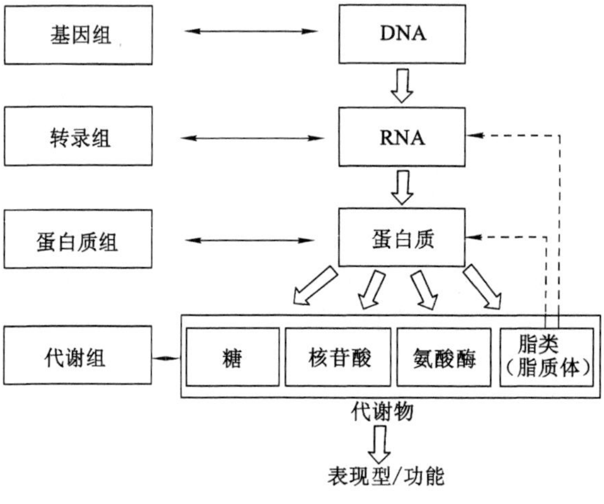

图 5-5 代谢组学

代谢组学的研究优势包括：① 代谢物的种类远少于基因和蛋白质的数目，代谢组学的研究不需进行极大规模的数据库构建；对多数小分子内源性代谢产物的作用及其所在代谢通路、代谢调控已有相当的认识；② 基因和蛋白表达的微小变化会在代谢物水平得到放大；生物体液的代谢物分析可更为准确地反映机体系统的生理和病理状态。通过代谢组学研究既可以发现生物体在受到各种内外环境扰动后的应答不同，也可以区分同种不同个体之间的表型差异。

基于质谱的代谢组学分类：

（1）非靶向代谢组学（untargeted）

非靶向代谢组学是非目标代谢组学或发现代谢组学，无偏向性地对所有小分子代谢物同时进行检测分析的代谢组学。常用仪器为：Q-TOF，Orbitrap。该法常应用于疾病诊断、机理研究等领域，用于标记物发现。

（2）靶向代谢组学（targeted）

目标性代谢组学或定量代谢组学，仅对感兴趣的目标性代谢物进行同时定量分析的代谢组学。常用仪器为：QQQ，Q-TOF，检测模式：SIM，MRM，^{HR}MRM。该法常应用于药物代谢动力学及目标小分子定量。

一、无参转录组测序数据质控

illumina 二代测序单次运行能产生数十亿级的 reads，如此海量的数据无法逐个展示每条 read 的质量情况；需要运用统计学的方法，对所测序列进行统计和质控，从宏观上直观地反映样本的文库构建质量和测序质量。该部分对每一个测序样本的碱基质量、碱基错误率以及碱基分布进行分析。

（一）原始数据统计

1. 原始数据获得

illumina 平台通过将测序图像信号经 CASAVA 碱基识别（base calling）转换成文字信号，并将其以 fastq 格式储存起来作为原始数据。根据 index 序列区分各个样本的数据，以便进行后续分析。在 fastq 文件中每条序列由 4 行数据组成，其中第一行和第三行为读段识别码（第一行以“@”开头，第三行以“+”开头），第二行为碱基序列，而第四行是第二行序列的各碱基所对应的测序质量值。

如下所示：

@HWI-ST531R：D11RDACXX：4：1101：1212：1946 1：N：0：ATTCCT⬅@读段识别码

ATNATGACTACAAGCGCTTCCTCAGTTTA-
ATGAAGCTAACTTCAATGCTGAGATCGTTGA⬅碱基序列

+HWI-ST531R:144:D11RDACXX:4:1101:1212:19461:N:0:ATTCCT⬅+读段识别码

?A#AFFDFFHGFFHJJGIJJJIICHIIIIJJGGHIIJJIIJIIJHGI@FEHIIJBFFHGJJI-IHHHDFFFFDCC⬅测序质量分数

2. 原始数据统计

对每一个样本的原始测序数据进行质量评估，包括：① 碱基质量分布统计；② 碱基错误率分布统计；③ A/T/G/C 碱基含量分布统计。

使用软件：fastx_toolkit_0.0.14（http://hannonlab.cshl.edu/fastx_toolkit/）

（1）碱基质量分布统计

测序过程中，随着测序的进行、酶活性的降低以及其他化学试剂的消耗等，测序质量会随之下降。另外，测序质量与测序仪本身、样品等也有一定的关系。碱基质量值（quality score 或 q-score）是碱基识别（base calling）出错概率映射。碱基质量值越高表明碱基识别越可靠，碱基测错的可能性越小。比如，碱基质量值为 Q20，则表示 100 个碱基中有 1 个会识别出错，即碱基正确率为 99.9%，通常 quality scores 大于 20 即满足分析对测序质量的要求。

（2）碱基错误率分布统计

测序错误率会随着测序长度的增加而升高，这是由测序过程中化学试剂的消耗导致的，为 illumina 高通量测序平台的共有特征。另外，前 6 个碱基的位置会发生较高的测序错误率，而这个长度也正好等于在 RNA-seq 建库过程中反转录所需要的随机引物的长度。这部分碱基的测序错误率较高可能是由于随机引物与 RNA 模版的不完全结合导致，官方要求测序错误率在 0.1%以下可满足后续分析。

（3）A/T/G/C 碱基含量分布统计

碱基含量分布一般用于检测有无 AT、GC 分离现象。对于 RNA-seq 来说，鉴于序列打断的随机性和 G/C、A/T 含量分别相等的原则，理论上每个测序循环中的 GC 含量相等、AT 含量相等（如果是链特异性建库，可能会出现 AT 分离和/或 GC 分离），且在整个测序过程基本稳定不变，呈水平线。但在现有的高通量测序技术中，反转录合成 cDNA 时所用的 6 bp 的随机引物会引起前几个位置的核苷酸组成存在一定的偏好性，这种波动属于正常情况。

（二）质控数据统计

由于原始测序数据中会包含测序接头序列、低质量读段、N（N表示不确定碱基信息）率较高序列及长度过短序列，这将严重影响后续分析的质量。所以，在分析之前会先对原始测序数据进行质控，从而得到高质量的质控数据（clean data）以保证后续分析结果的准确性。

使用软件：SeqPrep、Sickle。

具体步骤及顺序如下：

① 去除reads中的接头序列，去除由于接头自连等原因导致没有插入片段的reads；

② 将序列末端（3′端）低质量（质量值小于20）的碱基修剪掉，如剩余序列中仍然有质量值小于10的碱基，则将整条序列剔除，否则保留；

③ 去除含N比率超过10%的reads；

④ 舍弃去除adapter及质量修剪后长度小于30 bp的序列。

数据质控完成后，对质控后的数据再次进行统计以及质量评估，同样包括：

① 碱基质量分布统计；

② 碱基错误率分布统计；

③ A/T/G/C碱基含量分布统计。

二、转录组从头组装

针对无参考基因组的转录组研究，获得RNA-seq高质量测序数据后，需要将所有测序读段通过从头组装生成重叠群（contig）和单一序列（singleton），此项分析是后续基因表达、生物学功能分析等的基础。

（一）转录组从头组装

使用软件：Trinity。

Trinity是一款由Broad Institute和Hebrew University of Jerusalem合作研发的，针对RNA-seq数据的、高效稳定的转录组拼接软件。目前适用于Illumina短片段序列转录组组装，使用该软件可对所有clean data进行从头组装。其整合了三个独立的软件模块，依次对大量的RNA-seq数据进行了处理拼接，分别为：inchworm（茧）、chrysalis（蛹）、butterfly（蝶）。

主要过程如下：

① inchworm：分解reads，构建k-mer（默认k＝25）字典，选择种子k-mer并进行两边延伸，形成contig。

② chrysalis：将有重叠的 contigs 聚类，构成 components，每个 component 就成为一组可变剪切 isoform 或同源基因可能的表征的集合。每个 component 会有相应的 de Bruijn graph。

③ butterfly：化简每个 component 的 de Bruijn graph，输出可变剪切亚型的全长转录本，并梳理对应于旁系同源基因的转录本，最终得到拼接结果文件。

（二）组装结果评估

利用 Trinity 进行拼接后，需要对组装结果进行评估。另外，一般还需要对获得的初始组装序列进行优化过滤并再次评估。

1. 优化过滤

使用软件：TransRate、CD-HIT。

TransRate 可以对从头拼接结果常见的错误（包括嵌合体、结构错误、组装不完整、碱基错误等）进行评估，给出每条 contig 的质量得分，并可将这些 contigs 评分整合获得整个组装结果的综合分数。因此，TransRate 可对转录组从头组装获得的序列进行过滤和优化。其适用于所有类型的 RNA 组装评估，包括 mRNA，长链非编码 RNA，rRNA 和混合的 RNA 样品。

CD-HIT 是广泛用于核酸序列或蛋白序列去冗余的一种方法，通过序列比对聚类（Cluster）的方法去除冗余、相似的序列，最后获得非冗余（non-redundant）的序列。

2. 组装评估

使用软件：BUSCO（benchmarking universal single-copy orthologs）。

BUSCO 利用单拷贝直系同源基因，评估基因组或转录组的组装完整性。基因组组装需要与 BUSCO 的一致序列进行 tBLASTn 比对，然后再用 Augustus 对基因结构进行预测，最后使用 HMMER3 比对；转录组组装需要先寻找转录本的 ORF 编码框，然后进行 HMMER3 比对。

3. 转录本长度分布

对组装获得的转录本长度进行统计，以便直观获得所有转录本的长度分布情况。

4. 测试数据与组装结果比对

将每个样本的 clean reads 与 Trinity 组装获得的参考序列进行比对，获得每个样本的 mapping 结果，也是后续进行各样本基因和转录本定量的基础。

三、转录组功能注释

将组装获得的转录组序列与六大数据库(NR，Swiss-Prot，Pfam，COG，GO 和 KEGG 数据库)进行比对，获得在各数据库的注释信息，并对其在各数据库的注释情况进行统计，见表 5-1。

表 5-1 分析软件及参数介绍

注释数据库	软件	版本	参数
NR	DIAMOND	v0.8.37.99	1e-3
Swiss-Prot			
COG			
Pfam	HMMER3	3.1b2	默认参数
GO	BLAST2GO	2.5.0	
KEGG	KOBAS	2.1.1	

1. NR

NCBI_NR(NCBI，非冗余蛋白库)为综合数据库，其中包含 Swiss-Prot、PIR(protein information resource)、PRF(protein research foundation)、PDB(protein data bank)等蛋白质数据库中非冗余的数据以及从 GenBank 和 RefSeq 的 CDS 数据库中翻译所得的蛋白质数据。通过与 NR 库的比对，可以获得本物种转录本序列与相近物种的相似情况，以及同源序列的功能信息。

2. Swiss-Prot

Swiss-Prot 数据库是经注释的蛋白质序列数据库，由欧洲生物信息学研究所(EBI)维护。数据库由蛋白质序列条目构成，每个条目包含蛋白质序列、分类学信息、注释等信息。通过与 Swiss-Prot 数据库的比对，可以详细了解目标序列注释中的蛋白质的功能、转录后修饰、特殊位点和区域、二级结构、四级结构、与其他序列的相似性、序列残缺与疾病的关系、序列变异体和冲突等信息。

3. Pfam

Pfam 数据库是一个蛋白质家族大集合，依赖于多序列比对和隐马尔可夫模型(HMMs)。蛋白质一般由一个或多个功能区构成，这些区通常被称为结构域。结构域的不同组合方式产生的蛋白质在自然界中各不相同，因此蛋白结构域的鉴别对分析蛋白质的功能来说尤其重要。

4. COG(clusters of orthologous groups of proteins)

COG 为蛋白直系同源簇数据库,是选取 66 株已完成的基因组的蛋白质序列,根据系统进化关系分类构建而成。与 COG 数据库比对可以进行功能注释、归类以及蛋白进化分析。通过 DIAMOND 将转录组序列与 COG 数据库比对,可获得基因对应的 COG 和 NOG 功能归类。

5. GO

GO 是基因本体论联合会建立的将全世界所有与基因有关的研究结果进行分类汇总的综合数据库。该数据库标准化了不同数据库中关于基因和基因产物的生物学术语,对基因和蛋白功能进行统一的限定和描述。

利用 GO 数据库,可以对基因和基因产物按照其亚细胞定位(CC,cellular component,细胞组分)、具有的分子功能(MF,molecular function,分子功能)和参与的生物过程(BP,biological process,生物过程)三个方面进行分类注释。在这三个大分支下面又分很多小层级(level),level 级别数字越大,功能描述越细致。最顶层的三大分支视为 level1,之后的分级依次为 level2,level3 和 level4 等。通过 GO 注释,可以大致了解某个物种的全部基因产物的功能分类情况。

6. KEGG(Kyoto encyclopedia of genes and genomes)

KEGG(京都基因和基因组百科全书)是系统分析基因功能、联系基因组信息和功能信息的大型知识库。在生物体内,基因产物并不是孤立存在起作用的,不同基因产物之间通过有序的相互协调来行使其具体的生物学功能。因此,KEGG 数据库中丰富的通路信息将有助于我们从系统水平去了解基因的生物学功能。

通过与 KEGG 数据库比对,获得基因或转录本对应的 KO 编号,根据 KO 编号可以获得某基因或转录本参与的具体生物学通路情况。

四、功能查询

根据功能注释获得的基因/转录本注释信息,实现查询特定功能对应的基因/转录本信息,或根据基因/转录本信息检索其功能,帮助客户迅速锁定所需信息,如图 5-6 所示。该部分将所有基因或转录本在 6 大主流数据库(NR,Swiss-Prot,Pfam,COG,GO 和 KEGG)中的注释情况进行汇总,以便获得全面的注释结果。该模块提供 2 种检索方式,主要实现 3 个目标。

检索说明:

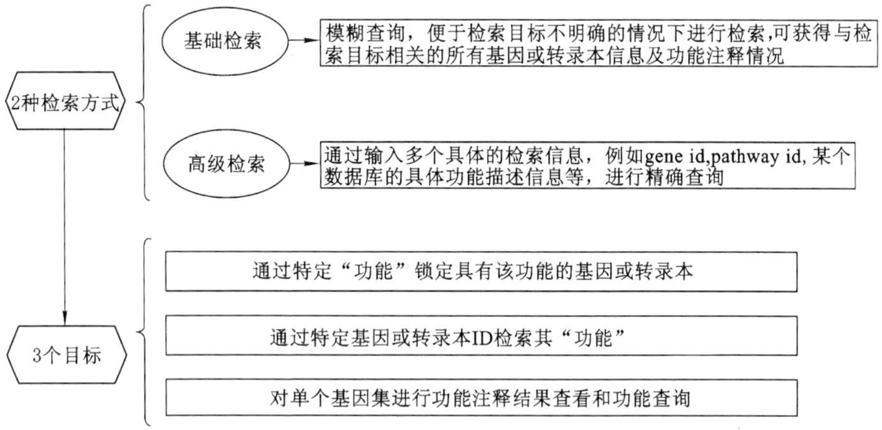

图 5-6 功能查询

① 基础检索——为模糊查询,便于在检索目标不明确的情况下进行检索,通过检索可获得与检索目标相关的所有基因或转录本信息及功能注释情况。

例如,在基因研究层次上,想查找与脂肪酸相关的基因信息,首先在“序列类型”处选择“unigene”,然后在“关键词”检索框处输入“fatty acid”,点击搜索即可。

② 高级检索——通过输入多项具体的检索信息,例如 gene id, pathway id,某个数据库的具体功能描述信息等,可以获得精确查询结果。

例如,在转录本研究层次上,想在 GO 数据库或 KEGG 数据库中查找与“信号”相关的转录本信息,首先在序列类型处点击下拉菜单选择“Transcript”,然后在多条件查询下拉菜单中选择“GO type/term”,输入“signal”,点击显示示例旁“+”,在弹出的新的多条件查询下拉菜单中选择“pathway definition”,同样输入“signal”,点击搜索即可。

五、转录因子分析

转录因子是一种可与 DNA 序列特异结合的蛋白质,其一般有一个或多个与 DNA 结合的结构域。转录因子不单与基因上游的启动子区域结合,也可以和其他转录因子形成转录因子复合体来影响基因的转录,因而在生物体内具有重要作用。动物或植物转录因子分析,可基于 HMMER 分析方法与数据库 AnimalTFDB 或 PlantTFDB 进行比对,得到同源的转录因子信息。

该模块包含转录因子分析的具体信息和转录因子家族统计信息。

六、表达量分析

使用软件分别对基因和转录本的表达水平进行定量分析，以便后续分析不同样本间基因/转录本的差异表达情况，并可结合序列功能信息，揭示基因的调控机制。

（一）表达定量软件

1. RSEM

RSEM通过比对软件如bowtie将质控后的测序数据与组装的转录组序列进行比对，然后基于比对结果进行基因/转录本的表达丰度估算。定量时，RSEM基于最大期望的算法建立最大似然的丰度估计模型，同时考虑paired-end reads、reads的长度、fragment的长度分布、质量值等信息用以区分哪些转录本是同一个基因的不同亚型。

2. Kallisto

Kallisto（大熊星）是一款较新的高效率转录本定量的软件，由加州大学伯克利分校的Bray等人于2015年开发出来。该软件不经过比对（alignment-free），可以直接通过分析read属于哪一个转录本来计算转录本的表达量。其运算基础是转录组德布鲁因图（transcriptome de bruijn graph，T-DBG），首先利用转录本序列建立索引，然后再利用新算法——假比对（pseudo-alignment）直接进行转录本定量，它最大的优势是快速、耗费内存小。

3. Salmon

Salmon（硅鱼）是一款新的、极快的转录组定量分析软件。它与Kallisto类似，可以不通过比对而获得基因或转录本的表达丰度估计。Salmon结合了一个新的双相位并行推理算法、功能丰富的偏差模型以及超快速读取映射程序，是第一个能正确测量GC片段偏差的全转录组水平测量技术，能大幅度提高表达丰度估值的准确性以及差异表达分析的灵敏度。Salmon的结果可直接用于edgeR/DESeq2等进行下游差异分析。

（二）表达定量指标

1. TPM（transcripts per million reads）

TPM即每百万读段中来自某转录本的读段数。TPM和FPKM一样，都对基因长度和测序深度进行了均一化。但不同的是，FPKM是先对测序深度进行均一化，然后对基因长度进行均一化；而TPM是先对基因长度进行均一化，然后再对测序深度进行均一化。TPM 的均一化过程使得不同样本中的总表达量一致，这样可以更直观地进行表达量的比较。

2. FPKM (fragments per kilobases per millionreads)

FPKM 即每一百万条序列中，每个基因以一千个碱基为单位，比对上的 reads(建库时打断获得的 fragments，当以 PE 测序时，同一个片段包含两条 reads)个数。FPKM 法能消除基因长度和测序量差异对计算基因表达的影响，计算得到的基因表达量可直接用于比较不同样品间的基因表达差异。

（三）样本间表达量分析

1. venn 分析

venn 分析展示样本间或组别间共有和特有表达的基因/转录本，可简单呈现样本间相关性，同一组别样本表达基因/转录本的数目不应差别很大。(注：该项分析需要对表达的基因或转录本指定表达的指标，一般无参转录组中认为表达量＞1，即认为该基因或转录本发生了表达)

2. 相关性分析

生物学重复样本之间的相关性分析，一方面检验生物学重复之间的变异是否符合实验设计的预期，另一方面为差异基因分析提供基本参考。相关系数越接近于 1，表明基因/转录本在样本间的表达量相似度越高，即样本间相关性越好。

所用的方法具体如下：

(1) 相关性算法

① pearson

pearson 相关系数用来衡量两个随机变量之间的相关性，适合连续性变量、符合正态分布假设的数据。

② spearman

spearman 相关系数又称秩相关系数，是利用两变量的秩次大小作线性相关分析，对原始变量的分布不作要求。其适合于定序变量、不满足正态分布假设或总体分布未知的数据，属于非参数统计方法，适用范围要广些。

③ kendall

kendall 相关系数又称作和谐系数，也是一种等级相关系数，主要计算分类变量间的秩相关，适用于合并等级资料。

(2) 聚类方式

① single linkage(也称 connectedness 或 minimum 方法)

single linkage 的计算方法是将两个组合数据点中距离最近的两个数据点间的距离作为这两个组合数据点的距离。

② complete linkage(也称 diameter 或 maximum 方法)

complete linkage 的计算方法与 single linkage 相反,将两个组合数据点中距离最远的两个数据点间的距离作为这两个组合数据点的距离。

③ average linkage

average linkage 的计算方法是计算两个组合数据点中的每个数据点与其他所有数据点的距离。将所有距离的均值作为两个组合数据点间的距离。

(3) 距离算法

① Euclidean(欧氏距离)

Euclidean 是一个通常采用的距离定义,它是在 m 维空间中两个点之间的真实距离,即两个观测点之间的直线距离。

a. 二维平面上两点 $a(x_1, y_1)$ 与 $b(x_2, y_2)$ 间的欧氏距离:

$$d_{12} = \sqrt{(x_1 - x_2)^2 + (y_1 - y_2)^2}$$

b. 三维空间两点 $a(x_1, y_1, z_1)$ 与 $b(x_2, y_2, z_2)$ 间的欧氏距离:

$$d_{12} = \sqrt{(x_1 - x_2)^2 + (y_1 - y_2)^2 + (z_1 - z_2)^2}$$

c. 两个 n 维向量 $a(x_{11}, x_{12}, \cdots, x_{1n})$ 与 $b(x_{21}, x_{22}, \cdots, x_{2n})$ 间的欧氏距离:

$$d_{12} = \sqrt{\sum_{k=1}^{n}(x_{1k} - x_{2k})^2}$$

② Manhattan(曼哈顿距离)

Manhattan 是由 19 世纪赫尔曼・闵可夫斯基所创的词汇,是种使用在几何度量空间的几何学用语,用以标明两个点在标准坐标系上的绝对轴距总和,即两个观测点之间在相同维度之间的差值绝对值的累加。

a. 二维平面两点 $a(x_1, y_1)$ 与 $b(x_2, y_2)$ 间的曼哈顿距离

$$d_{12} = |x_1 - x_2| + |y_1 - y_2|$$

b. 两个 n 维向量 $a(x_{11}, x_{12}, \cdots, x_{1n})$ 与 $b(x_{21}, x_{22}, \cdots, x_{2n})$ 间的曼哈顿距离

$$d_{12} = \sum_{k=1}^{n}(x_{1k} - x_{2k})^2$$

两者区别:欧氏距离对(大的)异常值较为敏感,而曼哈顿距离却对异常

值不太敏感，默认选择欧氏距离以便于分类。

3. PCA 分析

主成分分析（PCA）可以降低数据的复杂性，深入挖掘样品之间的关系和变异大小。基本原理是，利用数学的方法，将原来变量重新组合成一组新的互相无关的几个综合变量（即主成分），对所有因素按重要性排序，通常靠后的微小因素被忽略掉，从而起到简化数据的作用。实际项目中，我们可以通过 PCA 找出离群样品、判别相似性高的样品簇等。

七、表达量差异分析

获得基因/转录本的 read counts 数后，可对多样本（≥2）项目进行样本间基因/转录本的差异表达分析，鉴定出样本间差异表达基因/转录本，进而研究差异基因/转录本的功能。

（一）差异表达分析软件及参数

根据多年的项目经验，结合文献支持，在差异表达模块上可用三款软件（DESeq2、DEGseq 和 edgeR）进行分析。根据实验设计的不同，策略如下：

（1）对于有生物学重复的实验设计，直接使用基于负二项分布的 DESeq2 软件对 raw counts 进行统计分析，基于一定的筛选条件获得比较组间表达差异的基因/转录本，默认参数：$p\text{-adjust}<0.05$ & $|\log_2 FC|>=1$；

（2）对于没有生物学重复的实验设计，我们首先对不同样品间的 raw counts 进行基于 TMM 方法的标准化，然后利用 DEGseq 软件进行组间差异表达分析，默认参数：$p\text{-adjust}<0.001$ & $|\log_2 FC|>=1$；

（3）差异分析软件 edgeR 可作为备选软件进行差异分析，该软件在有、无生物学重复时都可进行差异分析，默认阈值：$p\text{-adjust}<0.05$ & $|\log_2 FC|>=1$。

表达量差异分析是对所有检测到的基因判定是否发生差异表达的统计推断过程，由于涉及基因/转录本个数较大，需要进行多次（次数为待检验的基因个数）统计检验。为了控制整体推断结果发生错误的概率或频次，对统计检验获得的 pvalue 进行矫正，即进行多重检验矫正，矫正后的 pvalue 即为 p-adjust（也可称为 qvalue）。多重检验矫正的方法有多种，当前平台当前提供了 BY（fdr correction with Benjamini/Yekutieli），BH（fdr correction with Benjamini/Hochberg），Holm（holm step-down method using Bonferroni adjustments），Bonferroni（bonferroni one-step correction）四种，其中 Bonferroni 最为严格，其次是 Holm，再次之是 BY 和 BH，BY 和 BH 严格性相当，默认选择 BH。

该部分默认使用 p-adjust 作为筛选差异基因的阈值，如果获得的差异基因数目太少，可以通过改用 pvalue 或者降低 $|\log_2 FC|$ 阈值的方法来增加差异基因数目。

（二）表达量差异统计

1. 表达差异详情表

该表格是表达量差异分析的结果表，可以通过"筛选表格"中的"切换差异组别"查看每个比较组的差异基因/转录本的具体情况。另外，还提供了多种交互功能，比如，筛选仅上调或下调的基因/转录本，目标基因/转录本差异表达情况等。

2. 表达差异统计表

该表格将一次运行获得的所有差异组别的基因/转录本进行汇总，第一列为基因/转录本 ID，其他列为各差异组别，"yes"或者"no"代表该基因/转录本在该差异组别中是否为差异表达。

3. 表达量差异火山图

火山图是差异分析的可视化结果展示，通过"切换差异组别"可以直观查看该组别中差异基因/转录本的整体分布情况，图中"nosig"为非差异基因/转录本、"up"为上调基因/转录本、"down"为下调基因/转录本。

八、基因集分析

基因集分析为根据一定的筛选条件（比如功能、表达量以及表达差异情况等）获得的基因/转录本集（gene list）。

其目的是从众多基因/转录本中挖掘与研究目的或表型相关的一些基因/转录本，并对其进行功能、表达、差异等研究。

根据表达量差异分析可以获得各比较组别的差异表达基因/转录本，我们默认提供由差异表达基因或转录组组成的基因集。即每个比较组别提供一个基因层次的基因集和转录本层次的基因集。我们默认提供基因层次的分析结果，客户也可以根据自己的研究背景选择不同层次的基因集进行研究。

（一）venn 分析

venn 分析展示了各基因集中基因/转录本的个数，以及基因集间基因/转录本的重叠关系（仅提供 2～6 组比较的 Venn 图）。通过基因集 Venn 分析可直观展示基因/转录本在各基因集的数量分布状况。

该分析适用于基因集间共有和特有的基因/转录本。

（二）聚类分析

表达模式相似的基因/转录本通常具有功能相关性，该模块对选择的基因集中的基因/转录本进行表达模式聚类分析，大致过程就是根据基因/转录本在不同样本的表达量信息，计算基因/转录本或样本的距离，再利用迭代的方法将基因/转录本或样本进行分类。

该分析适用于：① 实现基因集中基因/转录本在各样本中表达的可视化；② 根据基因/转录本在各样本中的表达，将基因/转录本进行聚类，基于表达模式相似的基因/转录本通常具有功能相关性，推断未知基因/转录本的功能。

（三）聚类算法

1. 层次聚类

层次聚类属于无监督学习算法，其基本步骤如下（图 5-7）：

① 将每个对象归为一类，共得到 N 类，每类仅包含一个对象，类与类之间的距离就是它们所包含的对象之间的距离。

② 找到最接近的两个类并合并成一类，于是总的类数少了一个。

③ 重新计算新的类与所有旧类之间的距离。

④ 重复第 2 步和第 3 步，直到最后合并成一个类为止（此类包含了 N 个对象）。

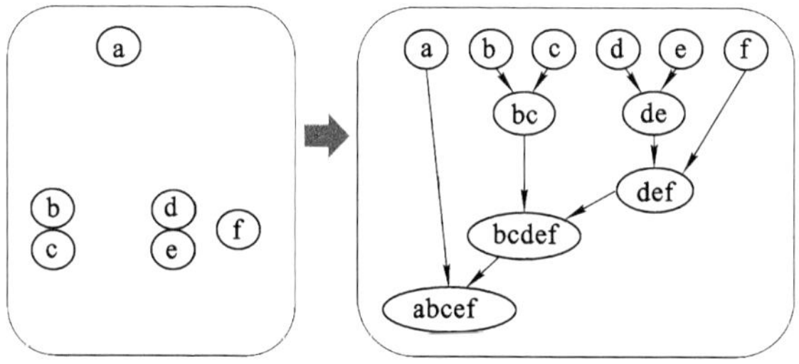

图 5-7　层次聚类示意图

2. K-means 聚类

K-means 聚类是一种监督学习算法，即明确要将基因集分成几个子类，子类的数目即 K，具体算法描述如下（图 5-8）：

① 随机在图中取 K 个聚类质心点（cluster centroids），又叫种子点（这里以 K=2 为例）。

② 对图中的所有点求到这 K 个种子点的距离，假如点 Pi 离种子点 Si 最近，那么 Pi 属于 Si 点群。（上图中，可以看到 a，b 属于上面的种子点，c，d，e 属于下面中部的种子点）。

③ 移动种子点到属于它的“点群”的中心（见图上的第三步）。

④ 重复第②和第③步，直到种子点没有移动（我们可以看到图中的第四步上面的种子点聚合了 a，b，c，下面的种子点聚合了 d，e）。

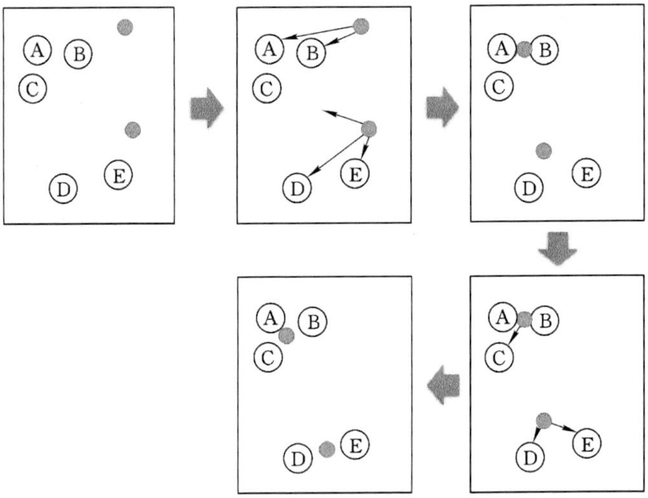

图 5-8 K-means 聚类示意图

（四）聚类方式

（1）single linkage（也称 connectedness 或 minimum 方法）

single linkage 的计算方法是将两个组合数据点中距离最近的两个数据点间的距离作为这两个组合数据点的距离。

（2）complete linkage（也称 diameter 或 maximum 方法）

complete linkage 的计算方法与 single linkage 相反，将两个组合数据点中距离最远的两个数据点间的距离作为这两个组合数据点的距离。

（3）average linkage

average linkage 的计算方法是计算两个组合数据点中的每个数据点与其他所有数据点的距离。将所有距离的均值作为两个组合数据点间的距离。

（五）功能分类

该部分是对基因集中的基因/转录本进行功能分析，包括 COG，GO 和 KEGG。

其适用于：① 单一基因集中基因/转录本的功能研究；② 不同筛选条件获得基因集的功能比较分析。

（六）功能富集分析

该部分是对基因/转录本集中的基因进行功能富集分析，获得该基因集中的基因/转录本主要具有哪些功能或主要参与哪些代谢通路信息，包括 GO 富集分析和 KEGG 富集分析。

其适用于：仅针对单个基因集，所有条件筛选的基因集都可进行该项分析。

九、基因结构分析

Trinity 软件组装得到转录本序列后，利用 TransDecoder 可以识别转录本序列中候选的编码区域（即 CDS 区）。

TransDecoder 基于以下标准识别可能的编码序列：

① 在转录本序列中存在最小限定长度的开放阅读框（ORF）；

② 对数似然得分（a log-likelihood score）大于 0；

③ 该 ORF 的对数似然得分与预测的其他 5 个 ORF 比较为最大值；

④ 如果候选的 ORF 完全被包含在其他候选 ORF 的框架内，那么提取最长的 ORF（考虑到嵌合体、拼接质量等，一个转录本可能会获得多个 ORF）；

⑤ 使用 pfam 数据库对预测结果进行校正，保留比对到数据库的序列。

该模块对预测获得的 CDS 长度进行统计，并可以通过输入转录本的 ID 进行 CDS 查询，获得该转录本是否存在 CDS 以及 CDS 的位置，长度信息和对应氨基酸序列。

样品的制备是蛋白质组学研究中的关键步骤，其制备的优劣往往影响后续研究的成败。对于宏蛋白质组学而言，由于研究对象的复杂性，其中的微生物群落有极大差别，同时纯化一些具有重要功能的低丰度蛋白也是宏蛋白质组学研究的关键，因此目前还没有一种提取宏蛋白的通用方法。目前提取总蛋白的方法主要有 SDS-酚-TCA 法、SDS-酚法、柠檬酸钠-酚法、SDS 提取法和 SDS 振荡提取法。

多组学技术（multi-omics）结合两种或两种以上组学研究方法，如基因组、转录组、蛋白组或代谢组，对生物样本进行系统研究，同时将各组学的数据加以整合分析并深入挖掘生物学数据。在环境微生物群落研究领域，微生物多样性测序、宏基因组、宏转录组、宏蛋白组、宏代谢组等技术的交叉融合，为微生物群落的结构组成、基因功能、代谢途径、微生物-环境互作研究提供了新的研究思路。通过多组学技术，不仅可以注释并解析环境微生物群落的结构与功能，还可以比较实验组与对照组在不同水平下物种的活性丰度、基因的差异表达、代谢途径的强弱，进而解析生物学过程（疾病发生、环境治理、食品发酵等）的内在机制。

参考文献

[1] 冯瑞华，樊蕙. Biolog 细菌自动鉴定系统应用初探[J]. 微生物学杂志，2000，20(2)：36-38.

[2] 管宇，沈志强，刘吉山，等. 应用 16S rRNA 基因测序法鉴定禽多杀性巴氏杆菌的研究[J]. 中国预防兽医学报，2003，25(5)：349-352.

[3] 洪义国，孙谧，张云波，等. 16S rRNA 在海洋微生物系统分子分类鉴定及分子检测中的应用[J]. 海洋水产研究，2002，23(1)：58-63.

[4] 江云飞. 应用 PCR-DGGE 技术研究大麻沤麻系统中的细菌多样性[D]. 哈尔滨：黑龙江大学，2009：7-8.

[5] 焦振泉，刘秀梅. 16S rRNA 序列同源性分析与细菌系统分类鉴定[J]. 国外医学：卫生学分册，1998，25(1)：12-16.

[6] 李丹，王秋玉. 变性梯度凝胶电泳及其在土壤微生物生态学中的应用[J]. 中国农学通报，2011，27(3)：6-9.

[7] 李霞，高谦. 16S rRNA 基因序列分析在临床微生物学中的应用[J]. 微生物与感染，2006，1(3)：184-186.

[8] 李志岗，杨官品，朱艳红. 水环境细菌 16S rDNA 限制性片段长度多型性及群落结构分析[J]. 水生生物学报，2001，25(2)：111-114.

[9] 刘毅，韩金祥. 16S rRNA 基因在脑脊液细菌鉴定中的应用[J]. 临床检验杂志，2002(4)：245-246.

[10] 吕志堂，刘志恒. 糖单孢菌 16S rDNA 的 PCR-RFLP 分析[J]. 微生物学报，2000，40(6)：567-572.

[11] 毛丹丹，许培雅. 应用于 PCR-DGGE 分析的活性污泥微生物总 DNA 提取方法比较[J]. 环境工程学报，2013，7(3)：1189-1195.

[12] 苏维奇，纪迎春，姜岩. 16S rRNA 基因检测在临床细菌学鉴定中的应用[J]. 世界感染杂志，2005，5(1)：79-81.

[13] 陈迎春,曹又方,赵立平.大肠杆菌 MG1655 菌株 ERIC-PCR 图谱主带序列组成分析[J].微生物学通报,2002,29(6):29-32.

[14] 杨朝国,安乙敏.病原微生物分子生物学分型方法的选择[J].国外医学:病毒学分册,2000,7(2):48-51.

[15] 杨永华,姚健,华晓梅.农药污染对土壤微生物群落功能多样性的影响[J].微生物学杂志,2000,20(2):23-25.

[16] 袁宏林,刘永军,王晓昌.生物造粒流化床微生物群落结构及其动态变化[J].微生物学杂志,2007,27(2):1-5.

[17] BARKOVSKII A L,FUKUI H. A simple method for differential isolation of freely dispersed and particle-associated peat microorganisms [J]. Journal of Microbiological Methods,2004,56(1):93-105.

[18] BENTOLILA L A, WEISS S. Single-step multicolor fluorescence in situ hybridization using semiconductor quantum dot-DNA conjugates[J]. Cell Biochemistry and Biophysics,2006,45(1):59-70.

[19] DE FEDE K L,PANACCIONE D G,SEXSTONE A J. Characterization of dilution enrichment cultures obtained from size-fractionated soil bacteria by BIOLOG® community-level physiological profiles and restriction analysis of 16S rRNA genes[J]. Soil Biology and Biochemistry,2001,33(11):1555-1562.

[20] DE FEDE K L,SEXSTONE A J. Differential response of size-fractionated soil bacteria in BIOLOG(R)microtitre plates[J]. Soil Biology and Biochemistry,2001,33(11):1547-1554.

[21] JANUS L R,ANGEL N L,MC C ORMACK J,et al. Elevated atmospheric CO_2 alters soil microbial communities associated with trembling aspen(Populus tremuloides) roots[J]. Microbial Ecology,2005(50):102-109.

[22] JIN W,LAMB J C,VEGA J M,et al. Molecular and functional dissection of the maize B chromosome centromere[J]. The Plant Cell,2005,17(5):1412-1423.

[23] KAPLAN C W, ASTAIRE J C, SANDERS M E, et al. Christopher 16S ribosomal DNA terminal restri ction fragment pattern analysis of bacterial communities in feces of rats fed Lactobacillus acidophilus NCFM. [J]. Applied Environmental Microbiology, 2001, 67 (4):

1935-1939.

[24] LEI F, VANDERGHEYNST J S. The effect of microbial inoculation and pH on microbial community structure changes during composting [J]. Process Biochemistry, 2000, 35(9): 923-929.

[25] LUEDERS T, FRIEDRICH M. Archaeal population dynamics during sequential reduction processes in rice field soil[J]. Applied and Environmental Microbiology, 2000, 66(7): 2732-2742.

[26] LUEDERS T, FRIEDRICH M W. Evaluation of PCR amplification bias by terminal restriction fragment length polymorphism analysis of small-subunit rRNA and mcrA genes by using defined templat e mixtures of methanogenic pure cultures and soil DNA extracts[J]. Applied and Environmental Microbiology, 2003, 69(1): 320-326.

[27] MAIRE N. Organic matter cycling in grassland soils of the Swiss Jura mountains: biodiversity and strategies of the living communities[J]. Soil Biology and Biochemistry, 1999, 31(9): 1281-1293.

[28] MA L, WU S M, HUANG J, et al. Fluorescence in situ hybridization (fish) on maize metaphase chromosomes with quantum dot-labeled DNA conjugates[J]. Chromosoma, 2008, 117(2): 181-187.

[29] MEROTH C B, WALTER J, HERTEL C, et al. Monitoring the bacterial population dynamics in sourdough fermentation processes by using PCR-Denaturing Gradient Gel Electrophoresis[J]. Applied and Environmental Microbiology, 2003, 69(1): 475-482.

[30] OROS-SICHLER M, SMALLA K. Laboratory Protocols in Fungal Biology[M]. New York: Springer, 2013: 289-298.

[31] LEY R E, SCHMIDT S K. Fungal and bacterial responses to phenolic compounds and amino acids in high altitude barren soils[J]. Soil Biology and Biochemistry, 2002, 34(7): 989-995.

[32] SPEICHER M R, CARTER N P. The new cytogenetics: blurring the boundaries with molecular biology [J]. Nature Reviews Genetics, 2005, 6(10): 782-792.

[33] THIRUP L, JOHNSEN K, TORSVIK V, et al. Effects of fenpropimorph on bacteria and fungi during decomposition of barley roots[J]. Soil Biology and Biochemistry, 2001, 33(11): 1517-1524.

[34] VERSALOVIC J,KOEUTH T,LUPSKI R. Distribution of repetitive DNA sequences in eubacteria and application to fingerprinting of bacterial genomes[J]. Nucleic Acids Research,1991,19(24):6823 -6831.

[35] WU S M,ZHAO X,ZHANG Z L,et al. Quantum-dot-labeled DNA probes for fluorescence in situhybridization(FISH) in the microorganism *Escherichia coli*[J]. Chemphyschem,2006,5(7):1062-1067.

[36] XIAO Y,BARKER P E. Semiconductor nanocrystal probes for human metaphase chromosomes [J]. Nucleic Acids Research, 2004, 32 (3):e28.

[37] YAO H,HE Z,WILSON M J,et al. Microbial biomass and community structure in a sequence of soils with increasing fertility and changing land use[J]. Microbial Ecology,2000,40(3):223-237.

[38] ZHANG L, HU Y, YAN S, et al. ABA-mediated inhibition of seed germination is associated with ribosomal DNA chromatin condensation,decreased transcription,and ribosomal RNA gene hypoacetylation [J]. Plant Molecular Biology,2012,79(3):285-293.

[39] ZINNER R, TELLER K, VERSTEEG R, et al. Biochemistry meets nuclear architecture:multicolor immuno-FISH for co-localization analysis of chromosome segments and differentially expressed gene loci with various histone methylations[J]. Advances in Enzyme Regulation,2007,47(1):223-241.